外来种互花米草在中国沿海滩涂的扩散过程和趋势研究

张丹华 ◎ 著

吉林出版集团股份有限公司
全国百佳图书出版单位

图书在版编目（CIP）数据

外来种互花米草在中国沿海滩涂的扩散过程和趋势研究 / 张丹华著 . -- 长春：吉林出版集团股份有限公司，2023.11

ISBN 978-7-5581-1971-2

Ⅰ.①外… Ⅱ.①张… Ⅲ.①外来种—米草属—海涂—扩散—研究—中国 Ⅳ.①S45

中国国家版本馆 CIP 数据核字（2023）第 228119 号

外来种互花米草在中国沿海滩涂的扩散过程和趋势研究
WAILAIZHONG HUHUAMICAO ZAI ZHONGGUO YANHAI TANTU DE KUOSAN GUOCHENG HE QUSHI YANJIU

著　　者	张丹华
责任编辑	李婷婷
封面设计	守正文化
开　　本	710mm×1000mm　　1/16
字　　数	130 千
印　　张	8.25
版　　次	2023 年 11 月第 1 版
印　　次	2023 年 11 月第 1 次印刷
印　　刷	天津和萱印刷有限公司

出　　版	吉林出版集团股份有限公司
发　　行	吉林出版集团股份有限公司
地　　址	吉林省长春市福祉大路 5788 号
邮　　编	130000
电　　话	0431-81629968
邮　　箱	11915286@qq.com
书　　号	ISBN 978-7-5581-1971-2
定　　价	45.00 元

版权所有　翻印必究

前　言

生物入侵作为 21 世纪五大全球性环境性问题之一，对生态系统安全构成巨大威胁，已成为生态学领域的研究热点之一。互花米草（Spartina alterniflora Loisel.）原产于美洲大西洋沿岸，是当地盐沼系统中的重要物种，被誉为"生态工程师"。1979 年年底，出于促淤造陆和保堤护岸的目的，我国从美国东海岸引入互花米草在我国沿海多地种植。互花米草的种植给我国海岸带来了较大的经济效益，但是其繁殖力和竞争力较强，也给本土生态系统带来了众多负面影响。目前，国内外关于互花米草扩散的研究主要局限在保护区、河口和海湾等较小的区域内开展，缺少互花米草在大范围内的扩散过程研究。本书尝试探索互花米草的扩散过程和进行潜在分布的模拟。研究成果将为我国沿海互花米草的科学管理提供有力的理论支持，也有助于其他学者更深入地了解互花米草的入侵机制和入侵过程等科学问题。

本书借助于 1985 年—2014 年覆盖我国沿海地区约 400 景陆地（Landsat）卫星遥感影像、Google Earth（谷歌地球）历史影像，并结合 2014 年—2015 年的我国沿海互花米草的野外实地调查数据，探讨互花米草在我国沿海的空间分布以及互花米草在我国的扩散模式、扩散过程的区域差异和影响因素等问题。此外，本书借助 MaxEnt 生态位模型，结合互花米草在我国的分布点记录和相关环境因素，分析互花米草在我国沿海的潜在分布特征，以及影响互花米草地理分布的主要环境因素等问题。

本书第一章为绪论，分别介绍了生物入侵，互花米草入侵现状及生态效应，国内外互花米草群落扩散研究进展，本书研究目的、内容及意义四个方面的内容；第二章为互花米草在我国滨海滩涂的空间分布及生境特征，主要介绍了四个方面的内容，依次是数据来源、遥感数据处理、野外调查及室内分析、研究结果；第三章为互花米草在我国滨海滩涂的扩散过程和区域差异性研究，分别介绍了三个方面的内容，依次是数据来源、研究方法与数据处理、研究结果；第四章为互花米草在我国滨海滩涂的扩散趋势预测，依次介绍了生态模型概述、数据获取和研究方法、研究结果等几方面的内容；第五章为互花米草在我国滨海滩涂的控制和管理建议，主要介绍了两个方面的内容，分别是互花米草的控制措施、互花米草的综合管理；第六章是总结和展望，介绍了互花米草在我国沿海的分布格局和扩散过程、互花米草在我国沿海的扩散趋势和管理对策这两个方面的内容。

在撰写本书的过程中，作者得到了许多专家学者的帮助和指导，参考了大量的学术文献，在此表示真诚的感谢！

限于作者水平有不足，加之时间仓促，本书难免存在一些疏漏，在此，恳请同行专家和读者朋友批评指正！

张丹华

2023 年 5 月

目 录

第1章 绪 论·· 01
 1.1 生物入侵··· 01
 1.2 互花米草入侵现状及生态效应··· 06
 1.3 国内外互花米草群落扩散研究进展··· 14
 1.4 本书研究目的、内容及意义··· 16

第2章 互花米草在我国滨海滩涂的空间分布及生境特征···················· 18
 2.1 数据来源··· 19
 2.2 遥感数据处理·· 21
 2.3 野外调查及室内分析··· 25
 2.4 研究结果··· 26
 2.5 本章讨论与小结·· 38

第3章 互花米草在我国沿海滩涂的扩散过程和区域差异性研究·········· 42
 3.1 数据来源··· 43
 3.2 研究方法与数据处理··· 46
 3.3 研究结果··· 48
 3.4 本章讨论与小结·· 62

第4章 互花米草在我国滨海滩涂的扩散趋势预测 ··················· 71
　4.1 生态位模型概述 ······································· 71
　4.2 数据获取和研究方法 ··································· 76
　4.3 研究结果 ··· 79
　4.4 本章讨论与小结 ······································· 84

第5章 互花米草在我国沿海滩涂的控制和管理建议 ··················· 88
　5.1 互花米草的控制措施 ··································· 88
　5.2 互花米草的综合管理 ··································· 96

第6章 总结和展望 ··· 98
　6.1 互花米草在我国沿海的分布格局和扩散过程 ··············· 98
　6.2 互花米草在我国沿海的扩散趋势和管理对策 ··············· 101
　6.3 展望 ··· 101

参考文献 ··· 104

第 1 章 绪 论

1.1 生物入侵

生物入侵是指物种在人为或自然条件作用下离开原分布地，扩展到新的区域，在新的生产地定居，并不受约束地繁殖、扩散，严重破坏了被入侵地生态系统结构的平衡状态，造成被入侵地的物种大量消失，使当地的社会经济、生态环境和人类健康受到严重损害的现象（Elton，1958）。我国定义入侵种的标准为：一是通过人类有意或无意的活动而被引入到一个非本源区域，二是在当地的生态系统中形成了自我再生能力，三是给被入侵地的生态系统或人类生产生活造成了明显的负面影响。

外来入侵物种大多具有较强的竞争力和繁殖能力，一旦在适宜地定居，就生长迅速，且难以清除，通常形成单一的优势群落（Daehler and Strong，1998；Mack et al.，2000）。外来物种入侵会造成被入侵地的物种多样性不可恢复和物种的灭绝，并且会对人类的生存和生产环境构成了严重的威胁，其经济代价是产业产量和质量的下降和高额的防治费用（Lonsdale，1999；Daehler，2003；Gurevitch et al.，2004；鞠瑞亭等，2012）。据统计，美国每年因外来生物入侵带来的经济损失多达1 370亿美元，印度每年的损失高达1 300亿美元，南非产业损失达到800亿美元（Pimentel et al.，2000）。调查显示，我国约有529种外来入侵物种，包括

外来种互花米草在中国沿海滩涂的扩散过程和趋势研究

植物、两栖动物、爬行动物、无脊椎动物、哺乳类和鱼类动物及微生物等，我国外来物种中超过50%来自北美（徐汝梅，2003）。通过分析和计算后得出，生物入侵每年给我国国民经济有关行业包括农林牧渔业、交通运输仓储与邮政业、水利环境和公共设施管理及人类健康等造成的经济损失共计198.59亿元；外来入侵物种对我国生态系统、物种及遗传资源造成的经济损失共计为1 000.17亿元，二者相加，外来物种入侵每年给我国造成的经济损失总和达到1198.76亿元，占国内生产总值的1.36%。生物入侵给入侵地带来的巨大经济损失及对本土生态系统的稳定性造成的破坏和长期威胁，越来越引起各国政府、国际组织和科学界等的关注和重视。生物入侵已成为21世纪的重要全球性环境问题之一。生物入侵问题也成为生态学领域研究的热点。

随着全球经济一体化速度加快，人类活动带来了外来种在更大时空尺度的扩散，引入物种的数量迅速增加，外来种的引入方式也变得丰富多样，大致可分为五类：

①自然入侵，是指外来物种完全不受人类影响地向其他区域扩展，主要指植物种子或营养体借助水流、风力或鸟类等动物的力量实现自然扩散，如紫茎泽兰是从中越、中缅边境自然扩散进入我国的（刘伦辉等，1989）。

②人类活动无意引入，如外来种借助人类在林场的交通工具、工作工具或运输的苗木被带入新的区域，如草胡椒的引入。19世纪初，互花米草被无意引入法国西南部，后逐渐扩散到西班牙北部沿海（Baumel et al.，2003）。

③由人类货物运输引起的意外物种入侵。例如，由船只携带、随进口农产品或货物的运输带入，如互花米草在美国西海岸威拉帕（Willapa）海湾的入侵就是由运输牡蛎的船只带入的（Civille et al.，2005）。1816年，互花米草随船舶压舱水意外地从北美东海岸传播到英格兰南部的南安普

敦，后又扩散至大不列颠岛及爱尔兰岛区域（Salmon et ao., 2005）。

④动植物园物种逃逸及人造物种的释放带来的物种入侵，主要是指从栽培植物或种植园中逸生的种类，如圆叶牵牛的入侵等。

⑤人类有意地引入。人类引种外来物种有多种目的，主要包括作为牧草和饲料引进，如喜旱莲子草，或作为观赏植物、药用植物、改善环境的植物、粮食或其他产品引进，如中国20世纪80年代以改善河流环境污染为目的在我国南方引入凤眼莲；1969年出于海岸保护的目的在我国沿海引入互花米草，以及1935年作为观赏植物引入加拿大一枝花和垂序商陆等。在我国目前已知的外来有害植物中，50%以上为人类引种。

外来物种入侵是一个复杂的生态过程，可分为四个阶段：

①侵入期（Introduction），是指生物离开原来生态系统到达一个新的生长环境。在这个阶段，外来物种开始适应本地的气候和环境，依赖有性繁殖和无性繁殖建立新的种群，但尚未建立足够定植的种群。这个时期是防止外来种危害的最佳时期，如及时根除，可控制外来物种在更大范围内的扩散。

②定居期（Colonization），是指外来物种经过一段长时间的生态驯化，已基本适应了本地气候和环境，开始归化为本土物种，并快速生长、发育、繁殖，至少完成一个世代。

③适应期（Naturalization），是指外来物种已繁殖了几代，但由于入侵时间短，个体基数小，并没有出现大面积的种群扩散，表现为"停滞"状态，但种群对环境的适应能力有所增强。

④扩散期（Expansion），是指入侵物种已经基本适应了新的生态系统，形成了与本地气候环境相适应的繁殖机制及与本地物种竞争的强大机制，种群数量增多，具有合理的年龄结构和性别比例，扩散能力极大增强。在此阶段，大量种子进入成熟阶段，可借助一些外在条件，如水流和风力，进行远距离跳跃式传播，形成"生态爆发"。威廉姆森（Williamson）和菲

外来种互花米草在中国沿海滩涂的扩散过程和趋势研究

特（Fitter）（1996）提出了一个定量估算入侵种比例的"千分之一"定律：所有外来物种中约有10%的物种逃逸成为偶见种，偶见种中仅有10%的物种可能变为归化种，而在归化种中也仅有10%的物种可能变成入侵种，说明"生物入侵"是一个小概率事件。

外来种能否在本地成功入侵与入侵种的入侵力（invasiveness）和本地群落的可入侵性（invasibility）有关（Alpert et al., 2000）。多名学者对入侵种特征进行了研究，贝克（Baker）（1974）总结了12个入侵性杂草植物的生活史特征，梅耶尔（Mayer）（1965）针对入侵成功的鸟类总结了六类生理特征，但都很难鉴定入侵种的哪些特征与其成功入侵有关。现有的研究中能较好地解释入侵种的入侵力的物种特性主要有较强的种子传播能力、较强的表型可塑性和较宽的生态幅，而较强的种子传播能力与多个物种特征有关，如比较多的种子数量、较快地完成一个世代、较长的种子保存时间、较小的种子体积，以及种子可借助水、风或动物等介质传播的能力等特性。雷杰曼（Rejmanek）和理查德森（Richardson）（1996）对北美松属植物中非入侵性外来物种和入侵性外来物种进行对比分析发现，入侵性物种种子产量、生长速度和结实频率都较高；普林津（Prinzing）等（2002）对来自中欧的物种在阿根廷未变为入侵种和已成为入侵种的物种生理特性进行对比分析，得出结论：入侵物种具有在本土耐受范围更广的特征。Liu等（2016）对我国沿海从南到北的互花米草植被群落特征和繁殖特征进行采样分析，发现互花米草群落具有较强的表型可塑性，这可能是造成互花米草在我国沿海迅速扩散的主要因素。王晓燕（2011）通过长江口互花米草基因多样性对互花米草的入侵能力的研究发现，互花米草具有较强的遗传多样性，基因多样性对互花米草竞争能力和扩散能力有很大影响，提高了互花米草的入侵能力。但是，目前仍没有一致的结论来解释物种特征与外来物种成功入侵的关系。这可能是因为物种的生活史特征通常代表种群对生境的长期生理响应或适应特性，而不是单一的与入侵性相联系的一个或多个固定特征，外来物种的入侵性更多地依赖外来物种与新生境之间的相互作用过程。

除了外来物种入侵力的作用，群落的可入侵性也在一定程度上决定了外来物种是否能在新生境入侵成功。群落的可入侵性是指群落易受到外来物种入侵的程度，可用于全面评价某一生境或群落容易遭受外来物种入侵的程度（Mack et al., 2000）。影响群落可入侵性的因素包括生物因素和非生物因素。生物因素主要是指与群落组成物种间相关的因素，如物种多样性（Tilman, 1997; Kennedy et al., 2002; Davies et al., 2007）、种间竞争作用（Chesson and Ellner, 1989）、物种间共存关系和捕食关系等（Alpert et al., 2000; Lake and leishman, 2004; Stastny et al., 2005）；非生物因素主要是指环境因素，主要包括环境资源因素与气候变化，环境资源因素包括水分的可利用性（Baruch et al.2000; Muth and Pigliucci, 2007; Funk and Zachary, 2010）、光资源的可利用性（Baeten et al., 2010; Robison et al., 2010）、养分的可利用性（Gross et al., 2005; Matzek, 2011）等。戴维斯（Davis）等（2000）提出了环境可入侵性的资源波动假说，该理论指出新生境中资源可利用性的波动是理解群落可入侵性的关键因素。该假说认为，当一个植物群落中具有过剩的未利用资源时，这个植物部落更容易遭到外来物种的入侵；反之，当一个植物群落的可利用资源降低时，该植物部落的可入侵性可能也会随之降低。环境异质性可能是造成植物群落可入侵性差异的一个重要原因。多项研究表明，较高的土壤养分可利用性与外来植物成功入侵本地植物群落呈正相关关系（Byres, 2002; Kolb et al., 2002; Onoda et al., 2008）。研究表明，土壤磷含量的增加会增加入侵植物的竞争优势、加快入侵速度（Suding et al., 2004; Siemann and Rogers, 2007），土壤氮含量的增加会提高入侵物种的竞争力和生物量，继而加速入侵植物的蔓延（Burke and Grime, 1996; Roem et al., 2002; Brooks, 2003）。此外，温度、降水和有效积温等条件也会影响入侵种的生长和种子繁殖特征，从而影响其扩散速度。除了资源的差异，气候变化也会影响外来种的扩散趋势，主要包括全球变暖、降水格局和强度的改变、温室气体浓度的增加等（Ducks and Mooney, 1999；Williams et al., 2007；Pattison and Mack, 2008；Bradley et al., 2009；Ledger et al., 2011；Toledo et al., 2011）。

本书研究外来种互花米草在新生境的扩散情况和影响因素，也有利于我们了解外来种的入侵过程，获取影响互花米草入侵速度的关键因素，模拟互花米草在我国滨海滩涂未来的入侵趋势，从而对互花米草进行有效的监测和管理。

1.2 互花米草入侵现状及生态效应

1.2.1 互花米草的生物学和生态学特性

互花米草，为禾本科米草属多年生草本植物，原产于美洲大西洋沿岸，主要生活在海岸和河口的高潮带下部或中潮带。

（1）互花米草的生物学特性

互花米草茎秆坚韧直立，高可到1～3m，直径在1cm以上，茎节有叶鞘，被淤埋的基节也能发育为新植株，气生部分均具有盐腺，根部吸收的盐分大多通过盐腺排除到体外，因此，叶片经常有白色粉状盐霜出现。互花米草为两性花，子房平滑，两个柱头很长，白色，羽毛状，种子通常于8～12月成熟，颖果长0.8～1.5cm，胚芽呈浅绿色或蜡黄色，种子具有失水即失去萌发力的特点。互花米草的地下部分通常由一个长且粗的地下茎和多个短且细的须根组成，根系发达，通常分布在30cm深的土层中，在部分地方根系可深达50～100cm。

谢伊（Shea）等（1975）根据互花米草的秆高把互花米草分为高秆和

矮秆两个生态型，高秆型互花米草的株高常在 1m 以上，其分布在高程较低的滩涂前沿，具有较高的生产力；矮秆型互花米草的株高不超过 0.4m，其生活在高程较高的滩涂，生产力较低。但瓦莉拉（Valiela）等（1978）研究表明，通过长期添加营养，矮秆型互花米草可长高，这两个类型的互花米草的染色体数目相同，且不存在明显的遗传变异，不能作为两个生态型。

（2）互花米草的生态学特性

互花米草属于 C_4 植物，光合作用效率较高，能够迅速进行生物量的生产和积累，并取得一定的竞争优势。此外，互花米草为典型的盐生植物，其一系列特殊的生理生化特征使其具有较强的耐盐能力，兰丁（Landin）（1991）认为，互花米草可耐受高达 6% 的盐度，Qin 等（1985）试验结果显示，互花米草耐盐范围为 1%~6%。互花米草生长在潮间带，受周期性潮水淹没，对淹水环境有较强的耐受力和适应性。研究表明，互花米草每次潮水淹没时间最高可达 12h（Landin et al.，1991）。但是，2004 年，在南非 Great Brak 河口发现的互花米草记录表明，互花米草一次可耐受海水淹没时间长达 8 个月，反映出互花米草较强的入侵潜力（Adams，2016）。

互花米草有极强的繁殖能力，繁殖方式主要有两种，即有性繁殖和无性繁殖，互花米草的种子繁殖对互花米草开拓新生境有重要意义。Liu 等（2014）借助模型分析有性繁殖和无性繁殖对我国盐城滩涂互花米草入侵速度的影响，结果发现，种子繁殖对盐城互花米草的快速扩散作用大于无性繁殖，种子扩散距离和成熟种子的存活比例都大大影响互花米草的扩散速度。互花米草的无性繁殖主要利用根状茎或营养片段来扩大种群（Metcalfe et al.，1986）。泰勒（Taylor）等人（2004）的研究发现，营养繁殖对外来种群扩散作用更大。新西兰引进互花米草 50 年后，互花米草仍未开花，种群的维持和扩散全靠植物的营养繁殖（Partridge，1987）；于 2004 年在南非 Great Brak 河口发现的互花米草至今无种子出现，种群的扩散全靠营养繁殖（Adams et al.，2012）。互花米草根状茎延伸速度很快，在美国威拉帕海湾，互花米草根茎的横向移动速度可达到每年 0.5～1.7m（Feist and Simenstad，2000）。张东等（2006）关于我国崇明东滩互花米草的无性扩散能力的研究表明，经过 9 个月的生长，单株互花米草可扩展到 86～222 株，最大扩散距离达到 226cm，集群扩散距离最大可达到 263m。由此可见，在互花米草有性繁殖产生的大量种子扩散定居的同时，新生成的克隆体也通过极强的萌蘖能力和根状茎快速生长扩大种群，为种群的快速扩散和爆发提供了可能。

此外，互花米草对温度的适应也较广，地理分布较广，从赤道地区到高纬度地区（英国北部，50°N～60°N）潮间带均有分布。互花米草的生长对基质条件无特殊要求，在黏土、壤土、淤泥土和粉砂土中均能生长。

互花米草对环境的强适应性和耐受能力都增强了其在盐沼环境中的入侵能力。除此之外，互花米草与潮间带其他植物间也表现出较强的竞争力，在美国威拉帕和旧金山海湾，互花米草强力排斥大叶藻、盐角草、海韭菜和叶米草等本地植物（Callaway and Josselyn，1992；Daehler and strong，1996）。在我国长江口，互花米草对本土植物海三棱藨草也有显著的竞争影响（Chen et al.，2004）。Zhang 等（2012）的研究发现，在我国漳江口原适宜红树林生长的中潮滩大面积滩涂空间已被互花米草侵占。埃伦费尔德（Ehrenfeld）（2003）认为，土壤养分（主要是无机氮素）的增加有利于外来物种的入侵。日益严重的水体富营养化，极大地提高了互花米草生境的氮素水平，而互花米草在较强的环境胁迫和较高的氮素水平下具有竞争优势（Levine et al.，1998），因此，环境污染是互花米草竞争力提高扩散加剧的一个重要原因，另外，人类围垦也会改变互花米草和本地物种间的竞争关系，促进互花米草的扩散（Zhang et al.，2012）。

1.2.2 互花米草在全球的分布

互花米草原产于美洲的东沿岸，在北美洲，从加拿大纽芬兰到美国

第1章 绪 论

佛罗里达中部海岸，直到墨西哥海岸均有分布；在南美洲，互花米草分散分布在法属圭亚那至巴西格兰德河（Rio Grande）间的大西洋沿岸。近两百年来，由于人类有意和无意的引入，互花米草分布区域已扩散到北美西海岸、欧洲、新西兰和中国沿海等世界多地的海岸和滩涂（Wang et al.，2006）。2004年，在南非的Great Brak河口发现了互花米草记录（Adams，2016），成为互花米草在非洲的最新分布记录。

1.2.3 互花米草在我国滨海滩涂的引入历史

基于改良土壤、绿化海滩和改善海滩环境的目的，我国于1963年从英国和丹麦海岸开始引入大米草。截至1978年，全国共种植大米草面积约10 293hm^2（仲崇信等，1985a）。但是，大米草在我国海岸种植后退化严重，目前仅在山东、江苏和广东的部分地区有少量存活（Zuo et al.，2012）。1979年年底，为了促淤造陆和海岸保护，我国从美国东海岸引进互花米草在我国沿海种植。引进的互花米草包括3个生态型：G型（来自美国乔治尼亚州的生态型），群落高度最高，达2.4m；N型（来自北卡罗来纳州的生态型），高度居中，高1.7m；F型（来自佛罗里达州的生态型），高度最低，高1.1m。

1981年，我国在福建省罗源县首次大规模试种互花米草，之后在沿海滩涂迅速大规模推广（Wu et al.，2013）；1982年，江苏省开始试种互花米草，试栽成功；从1983年开始，连云港、赣榆、射阳、滨海和启东等地普遍试栽成功；1986年，江苏省侵蚀较严重的射阳河以北海岸大喇叭口、大洼港和双洋港等地种植互花米草；1987年，东台县和大丰县滩涂试种互花米草成功，开始大规模种植；浙江省基于防风护岸的目的，从1983年开始在玉环县桐丽五门滩涂试种互花米草，这里成为浙江省首个互花米草的苗种基地，1991年开始扩大互花米草试栽范围，确定苍南海城滩涂、瓯海口灵昆滩涂、临海南洋滩涂和温岭南门滩涂为新的互花米

外来种互花米草在中国沿海滩涂的扩散过程和趋势研究

草试验点；1990 年，胜利油田从福建引进互花米草在仙河镇五号桩种植，种植面积为 1.2hm²；基于美化环境和降解污染的目的，小清河口于 1985 年和 1990 年在河口两侧种植大米草和互花米草，面积约为 0.8hm²；1990 年，上海市政府启动"互花米草促淤造陆"研究项目，随后在崇明岛、金山区、奉贤区和南汇区（现浦东新区）等地种植互花米草，随后于 1997 年，"种草引鸟"工程在九段沙启动，在九段沙的中沙和中、下沙的相邻地带种植芦苇 40hm²、互花米草 50hm²；1979 年，广东省珠海市为向澳门赛马业提供饲料，直接从国外引进了互花米草；同年，基于促淤护岸和美化环境的目的，广西合浦县政府在丹兜海滩引种互花米草，1990 年在北海红树林国家级自然保护区红树林外侧引种互花米草；基于堤岸保护的目的，天津市于 1997 年—2000 年在滨海新区的塘沽、汉沽和八一盐场等临海一侧种植了互花米草；辽宁省于 21 世纪 80 年代在葫芦岛引种了互花米草（Cao，et al.，2005；关道明，2009）。

1.2.4 互花米草对滨海湿地生态系统的影响

滨海滩涂是位于海洋和陆地之间的区域。作为地球生态系统中最具生机的系统之一，滩涂湿地通过其内部的物理、化学和生物组分间的相互作用，提供众多重要的生态服务功能，如珍贵栖息地功能、碳汇功能、净化水质和海岸保护功能等，也为人类提供许多重要的自然资源（Gedan et al.，2009；McLeod et al.，2011；He et al.，2014）。

作为生态工程项目，互花米草在我国滩涂种植后带来了众多积极的影响。但是，由于互花米草扩散迅速，给滨海湿地生态系统和当地经济也造成了一些负面效应，鉴于互花米草的生态作用还有很多争议，我们应客观公正地评价其对滨海湿地的影响。

（1）正面功能

互花米草的引种使我国沿海的许多淤泥质滩涂从裸滩变为海滩绿地，

并提供了巨大的生产力,在对我国海堤保护、促淤造陆等方面作出了巨大贡献(Chung,2006),主要功能包括:

①促淤造陆。由于互花米草具有庞大的根系,可削弱水流动力,促使水流速度减慢,并使水流产生强烈的紊动,水流挟沙能力降低,可增加2倍的淤积量,对滩涂发育有明显的促淤作用(陈才俊,1990;Bruno and Kennedy,2000;Wang et al.,2012)。1993年,珠海南水大桥进行的比较试验发现,互花米草草滩的促淤造陆效果比同等高度的光滩淤积要快2~2.5倍,连片的互花米草带淤积速度每年达500m^2。^{137}C$_S$和210Pb测年数据显示,江苏省大丰区王港段,互花米草植被覆盖区域的沉积速度为4.3cm/a(王爱军等,2005)。我国每年的互花米草促淤量均高于美国和英国,上海由于引种互花米草,加速滩涂淤积,围垦长江口滩涂,得到土地面积达72 000hm^2。1974年,浙江省温岭市用米草生态工程首次从滩涂获得323hm^{2}的耕地,比邻近光滩提前4~5年开垦成耕地(唐廷贵等,2003)。

②防风护岸。互花米草坚韧直立的植株为海岸植物护坡的建设提供了重要的植物原材料。研究表明,200m宽的互花米草草带可消除80%的波高,40m宽的互花米草草带相当于建筑2m高潜坝的消浪效果[①]。Cao等(2005)对天津滨海新区互花米草带的消浪效果的研究发现,潮水底层流速衰减率随着互花米草带宽度的增加而提高。1994年8月21日,浙江省苍南县海城自动测波站测得当天早潮的波高表明150m宽的草带消能效果已在90%左右。

③净化水质。米草属植物的根部对汞和多种放射性同位素^{137}Cs、^{90}Sr、^{115}Cd和^{65}Zn有很强的吸收能力,能降低水体污染(周玳等,1985)。刘军普等(2002)实验证明,互花米草具有较强的耐盐碱和耐污能力,对总磷和氨氮的平均去除率分别为32.1%和38.8%。

---

① 河海大学.灵昆贮灰场外堤消浪试验初步报告.1991:4.

④改良土壤。研究发现，土壤有机质含量与互花米草的入侵时间相关程度较高，互花米草盐沼由海堤向外的水平梯度上，平均每向外100m，土壤有机质含量减少0.87g/kg；垂直方向梯度上，每向下1cm，土壤有机质含量减少0.05g/kg。互花米草在增加潮滩植被类型和植被宽度的同时，也加速了盐土植被演替的进程，并有效改良了海岸带盐土（沈永明等，2005；左平，2008）。互花米草的生长改善了土壤的理化性质，也为土壤微生物提供了较为丰富的碳源，增强了微生物的活动。Gao等（2014）的野外调查和研究发现，互花米草盐沼具有较高的初级生产力，为多种原来生存在本土植物生境中的底栖动物提供了新的适宜生境。

（2）负面效应

互花米草的引种给本地生态系统带来众多正面的生态影响和经济效益，同时，由于其具有强大的竞争力和繁殖力，在引入地扩散迅速，给本地生态系统也造成了很多负面效应，主要表现在：

①侵占本地植物的生存空间。互花米草强大的竞争能力和繁殖力使其占据更多本地盐沼植物的生存空间，造成本地盐沼植物数量和面积大量减少，对当地的物种多样性造成显著的负面影响（Daehler and Strong 1996；Chen et al.，2004；Levin et al.，2006；Li et al.，2009；Li et al.，2014）。在我国上海市崇明岛、南汇等滩涂，互花米草大面积侵占海三棱藨草和芦苇的生存空间（陈中义等，2004）。亚当（Adam）等（2016）的研究指出，互花米草在南非的进一步入侵造成南非5种滨海植物的消失。此外，互花米草还通过杂交和基因渗入造成本土植物基因型丧失，甚至造成濒危植物的灭绝或者产生比亲本更具有入侵性的杂交种（Strong and Ayres，2016）。

②对底栖生物影响。陈中义等（2005a）在崇明东滩的研究发现，互花米草入侵海三棱藨草群落后，大型底栖无脊椎动物群落的物种组成无显著差异，但大型底栖无脊椎动物的群落多样性显著降低。王蒙等（2006）在长江口九段沙潮间带对于微生物的研究发现，与本土植物的生长相比，

互花米草生长地的土壤微生物群落的多样性和均匀度仍低于本地芦苇和海三棱藨草群落。

③降低涉禽种群数量。潮间带滩涂是涉禽的主要栖息地和觅食地，尤其是开阔的光滩具有丰富的底栖动物和鱼类，是涉禽的主要觅食场所。互花米草入侵后，竞争取代了本地植物，占领了光滩，使涉禽栖息和觅食的生境丧失，涉禽种群数量大幅下降。在北美威拉帕国家野生动物保护区，互花米草的入侵使水鸟越冬和繁殖的关键生境减少了16%～20%。对黑腹滨鹬的研究发现，互花米草蔓延会减少黑腹滨鹬的取食面积和时间，导致其死亡率和迁出率的上升。在互花米草扩散最快的河口湾，黑腹滨鹬种群的数量下降最快。陈中义在2003年对崇明东滩湿地的不同生境中的鸟类进行野外调查发现，在互花米草群落中，植株高度和盖度可能会影响鸻鹬类动物栖息。互花米草入侵占领海三棱藨草和光滩的生境后，形成密集的单种群群落，直接威胁到了鸻鹬类的栖息。

④淤塞河道，影响环境。互花米草的根茎发达，能促进泥沙快速沉降和淤积，泥沙淤积会改变潮间带地形，妨碍潮沟和河道的通畅，甚至降低泄洪能力，导致洪水泛滥（Hubbard，1965；Gleason et al.，1979；Asher，1990；Daehler et al.，1996）。另外，作者在广西合浦的山口红树林保护区发现，每年大量干枯和死亡的互花米草植株堆积在河口，也造成盐沼排水不畅。

2003年，互花米草被列入中国第一批外来入侵物种名单。我国环境保护部的相关文件显示，互花米草作为入侵种主要表现在以下四点：

第一，破坏近海生物栖息环境，影响滩涂养殖。

第二，堵塞河道，影响船只出港。

第三，影响海水交换能力，导致水质下降并诱发赤潮。

第四，威胁本土海岸生态系统，致使大片红树林消失。

外来种互花米草在中国沿海滩涂的扩散过程和趋势研究

1.3 国内外互花米草群落扩散研究进展

由于互花米草在全球扩散迅速,对入侵地的滨海生态环境已经造成了一定的负面影响,了解互花米草在入侵地的空间分布状况、扩散过程和扩散趋势对互花米草的有效控制和管理至关重要。3S技术(GIS、GPS和RS)为植被覆盖调查、种群动态监测与分布预测、入侵种的时空动态分布与入侵环境的调查等提供了一个重要的植被群落研究手段(Zhang, 1997; Bancroft and Smith, 2001; Cohen and Goward 2004; Bradley and Mustard, 2006; Ghioca-Robrecht et al., 2008; Murphy et al., 2013; Pan et al., 2016)。自19世纪60年代开始,遥感技术就已经被众多的地理学和生态学研究者用于大面积植被,特别是人难以到达地区的植被研究中(Aplin, 2006)。

在美国西海岸的威拉帕海湾,费斯特(Feist)和西门斯塔德(Simenstad)(2000)利用1∶24000比例尺下威拉帕海湾的4个典型互花米草入侵地的航空影像,分析互花米草在该海湾自1970年—1990年的扩散过程,结果发现,在威拉帕海湾,互花米草斑块横向扩散速度可达到79.3cm/a,海水表面温度、海平面高度和降水量可能是影响互花米草扩散速度区域差异的主要原因。西维尔(Civille)等(2005)结合历史遥感影像、图书馆资料和已发表文献重建互花米草在威拉帕海湾的120年入侵历史,发现1894年—1920年互花米草群落的扩散与威拉帕海湾这段时间持续从大西洋海岸运输牡蛎有关,进而提出牡蛎的海洋运输是互花米草引入威拉帕海湾的一种重要方式的观点,并且得出结果:一百多年来互花米草在威拉帕海湾呈现指数式增长,年均面积增长率达到12.23%。艾尔斯(Ayres)等(2004)结合野外调查和2 000幅近红外影像(比例尺1∶6000)提取4种外来米草属植物在美国旧金山海湾的分布和扩散情况,发现互花米草与叶米草的杂交种是旧金山海湾扩散最迅速、分布面积最大的外来米草属植物,植物种子随海流漂浮可能是米草属植物在旧金山海湾大面积扩散的主要原因。亚当斯（Adams）等（2012）借助 3S 技术分析了互花米草在南非 Great Brak 河口的扩散过程，得出互花米草依赖营养繁殖斑块，年均扩散距离达到 0.9m。

互花米草已经成为我国滨海滩涂分布面积最大的盐沼植物（An et al., 2007），我国地理、生态和环境等方面的学者对互花米草的扩散研究也做了大量工作。Lu 等（2013）利用中巴地球资源卫星影像数据，结合野外调查分析了互花米草在我国滨海滩涂的空间分布情况，得出截至 2012 年，我国互花米草分布面积达到 34 178hm^2。Wang 等（2015）利用 1993 年—2009 年的 Landsat TM 和 2014 年 SPOT 高分辨率影像分析我国温州市乐清湾内互花米草的空间分布和空间扩散过程，结果显示，互花米草在乐清湾扩散呈现阶段性特征，于 1993 年—2009 年扩散迅速，分布面积从 4hm^2 增加到 2 432hm^2；2009 年—2014 年扩散缓慢。Zhu 等（2016）利用 2003 年—2014 年的 Landsat 影像，结合空间分析和光谱分析两种方法，研究互花米草在宁波象山港的扩散过程，得出在象山港互花米草的分布面积呈指数式增长。Pan 等（2016）借助野外实地考察和 1993 年—2013 年的遥感影像，对互花米草在广西壮族自治区海岸的扩散过程开展了研究，结果得出，互花米草在广西壮族自治区当前的分布面积为 602.27hm^2，扩散速率呈现逐渐减慢趋势，1993 年—2003 年为快速扩散阶段，年均扩散率达到 23.1%；2003 年—2008 年扩散减慢，年均扩散率达到 15.3%。2009 年—2013 年，年均扩散率下降到 9.1%；Zhang 等（2004）利用 1993 年—2001 年的 Landsat 影像研究了互花米草在我国江苏省的扩散过程；Wu 等（2013）借助 1989 年—2010 年的遥感影像分析了互花米草在我国福建省罗源湾的入侵过程，都得出了互花米草的阶段性扩散特征。Liu 等（2015）利用基于个体的空间直观模型和遥感技术模拟了互花米草自 1997 年—2010 年的种群扩张状态，揭示了潮间带高程和土地利用变化，对互花米草种群的扩张有非常重要的影响，并且成体的存活率和种子长距离扩散是影响是互花米草种群扩散速度最重要的因素。Huang 和 Zhang（2007）借

外来种互花米草在中国沿海滩涂的扩散过程和趋势研究

助 3S 技术对九段沙互花米草 1997 年—2008 年的扩散过程进行分析,得出互花米草扩散呈现指数型增长的模型。

总结国内外关于互花米草扩散过程的研究成果,研究区大多都局限于某一个省区或一个河口海湾,仅说明互花米草在一个小区域范围内的扩散特点,缺乏对于大尺度范围内植被入侵过程和影响因素的研究,如互花米草在我国整个滨海滩涂范围内的扩散特征。依据 Liu 等(2016)的研究成果得出,在我国沿海,互花米草群落具有明显的纬度趋势,空间异质性较强,因此,互花米草在某一个区域内的扩散过程并不能代表它在整个滨海滩涂的状态,故研究互花米草在大尺度内的扩散过程和未来扩散趋势的预测显得很重要。

另外,多项研究发现,互花米草的生长受到温度、盐度、水动力、营养条件等多种因素的影响(Turner, 1976; Bertness, 1991; Idaszkin and Bortolus, 2011; Kirwan et al., 2009; Cao et al., 2014; Tang et al., 2014; Zhao, 2015),这些因素是否也影响互花米草在我国滨海的扩散过程,造成扩散模式的区域性差异以及它们对未来互花米草的趋势预测起到什么样的作用,都是值得思考的问题。

1.4 本书研究目的、内容及意义

1.4.1 研究目的

鉴于目前关于互花米草在大尺度范围内扩散的过程及其与环境因素间关系的研究还较少,本书拟借助 3S 技术并结合野外考察数据对外来种互花米草在我国整个滨海滩涂(包括从辽宁到海南 12 个沿海省市自治区,气候横跨暖温带、热带和热带)的扩散过程、影响因素和未来扩散趋势开展研究,进而对互花米草在我国滨海滩涂的管理提出合理化建议,拟解决以下几个科学问题:

①互花米草在我国滨海滩涂的当前分布状态是怎样的？

②互花米草自在我国滩涂种植以来扩散过程是怎么样的？与世界其他入侵地的扩散模式是否一致？

③互花米草在我国不同滨海不同区域的扩散过程是否存在差异？如果有，是由哪些环境因素造成的？

④未来互花米草在我国滨海的扩散趋势是怎样的？

1.4.2 研究内容

本研究主要涉及以下内容：①借助 Landsat8 卫星遥感影像和野外调查数据，获取互花米草在我国沿海滩涂的空间分布信息，包括分布面积和分布范围，并分析其空间分布的异质性。②借助历史影像、已有文献、地方资料研究互花米草在我国沿海滩涂的扩散速率。同时，结合环境特征，分析互花米草扩散过程的区域差异性。③根据互花米草已有分布点的环境特征，借助生态位模型，模拟互花米草在我国滨海滩涂的潜在适生区，预测未来的扩散趋势。④针对互花米草在我国的分布和扩散状况，提出合理化的控制措施和管理建议。

1.4.3 研究意义

①通过研究，可直观地了解互花米草在我国滨海滩涂不同区域的空间分布信息和入侵过程，为当地组织和政府机构对互花米草的合理化管理提供基础数据和理论支持。

②基于模型对互花米草潜在适宜生存区的预测也为我国河口和海岸的管理提出了预警，加强高风险区域的动态监测。

③我国滨海纬度跨度较大，互花米草在我国大尺度范围内扩散特征的研究有助于人们更深入地理解入侵种的入侵机制和入侵过程等科学问题。

第 2 章 互花米草在我国滨海滩涂的空间分布及生境特征

滨海湿地作为单位面积上生态服务价值最高的生态系统类型之一，为人类提供了多种生态服务功能，但它也是易受到外来生物入侵的一种生境类型（Gedan et al., 2009; Barbier et al., 2011; He et al., 2014）。1979 年年底，互花米草作为生态工程项目引入我国滩涂，在福建罗源湾首次试种成功，之后，在沿海其他区域迅速推广种植。互花米草的种植虽给我国滩涂带来了较多正面生态效益，但由于其强大的适应力和繁殖力，互花米草在我国滩涂迅速扩散，也给我国沿海生态系统和经济发展带来了一些负面效应。由于滨海滩涂受到海洋周期性或间歇性潮汐作用，盐沼植被在潮间带形成典型的带状分布模式。在我国长江河口，在互花米草引入之前，芦苇和海三棱藨草的带状分布最为典型；在互花米草引入之后，在崇明东滩呈现出低潮滩海三棱藨草带、中高潮滩互花米草和芦苇混生的分带现象；在崇明岛北岸，互花米草几乎完全取代了低潮滩的海三棱藨草，高潮滩仅剩余少量的芦苇，其他区域均被互花米草占据，互花米草成为盐沼中的绝对优势种。2003 年，国家环境保护总局公布的首批入侵我国的外来物种名单中，互花米草作为唯一的海岸盐沼植物名列其中。互花米草的危害还存在很多争议。了解互花米草在我国滩涂的空间分布状况，是客观认识其危害程度以及对其进行进一步管理和控制的首要前提。

第 2 章 互花米草在我国滨海滩涂的空间分布及生境特征

2.1 数据来源

遥感卫星影像数据是本书使用的主要数据来源。遥感技术具有覆盖面广、多时相和多光谱资料收集等优势，遥感影像数据已经成为大范围植被调查和制图的重要数据基础（Cohen and Goward，2004）。美国国家航空航天局（National Aeronautics and Space Administration，NASA）于 1972 年发射首个 Landsat 卫星，Landsat1、Landsat2 和 Landsat3 搭载的 MSS 传感器，Landsat4 和 Landsat5 搭载的专题制图仪（Thematic Mapper，TM）传感器，空间分辨率为 30m，在大量湿地景观分类研究中得到了应用。1999 年，Landsat7 增强专题制图仪（ETM）发射，增加了 15m 空间分辨率的全色波段，热红外波段空间分辨率也提高到了 60m，在监测植被和全球环境变化等方面得到广泛的应用（Graetz et al.，1988；Townsend and Walsh，2001）。2013 年 2 月，Landsat8 发射成功，搭载两个传感器：OLI（Operational Land Imager，陆地成像仪）和 TIRS（Thermal Infrared Sensor，热红外传感器）。Landsat OLI 空间分辨率为 30m，保留了 Landsat7 ETM+ 的所有波段，并新增了两个波段：蓝色波段（band 1：$0.433\sim0.453\mu m$）主要应用海岸带观测，短波红外波段（band 9：$1.360\sim1.390\mu m$）具有的水汽强吸收特征可用于云检测，并且在降噪和辐射分辨率等方面做了较大的改进（Roy et al.，2014）。Landsat 卫星覆盖周期为 16 天，扫幅宽度为 180km×170km，数据的光谱、空间和时间特征非常适合中等及大尺度的植被覆盖和监测研究，且可免费获取，已经是遥感应用研究中使用最广的数据来源，在植物入侵方面也得到广泛应用。本书以覆盖我国滨海带的 Landsat8 OLI 多光谱影像数据为基础数据来源，并结合野外实地调查来研究互花米草在我国滨海滩涂空间分布情况。

外来种互花米草在中国沿海滩涂的扩散过程和趋势研究

由于互花米草主要生长在滨海潮间带区域，本书选取了2014年覆盖我国沿海区域的39幅Landsat8 OLI影像为遥感数据源，数据从美国地质勘探局（United States Geological Survey，USGS）网站下载。

影像主要选择生物量较高的夏秋季节低潮位时数据，影像云量控制在10%以下。部分地区由于2014年无适合数据，用2013年的合适可用数据替代。数据源的主要信息如表2.1所示，遥感数据的空间分布如图2.1所示。

除了遥感数据源，谷歌地球数据也是本书重要的参考数据，谷歌地球高空间分辨率影像提供了清晰的植被纹理和地理位置信息，可辅助Landsat影像的植被分类和修正。野外采集的植被群落信息为遥感解译提供了训练区和验证点。另外，已发表文献、地方志和社会访谈等社会资料数据也是获取互花米草空间分布信息并了解互花米草入侵历史和群落特征的重要数据来源。

表2.1 我国沿海Landsat8 OLI影像信息表

序号	影像行列号	成像日期	所在省区	序号	影像行列号	成像日期	所在省区
1	118 032	2014-05-28	辽宁省	9	122 033	2014-08-12	天津市
2	119 032	2013-05-16	辽宁省	10	119 034	2013-08-20	山东省
3	119 033	2013-07-03	辽宁省	11	119 035	2013-08-20	山东省
4	120 031	2014-05-26	辽宁省	12	120 034	2014-07-29	山东省
5	120 032	2014-05-26	辽宁省	13	120 035	2014-05-26	山东省
6	120 033	2014-05-26	辽宁省	14	121 034	2014-07-20	山东省
7	121 032	2014-09-06	辽宁省	15	119 037	2014-12-13	江苏省
8	121 033	2014-07-20	河北省	16	120 036	2014-05-26	江苏省

续表

序号	影像行列号	成像日期	所在省区	序号	影像行列号	成像日期	所在省区
17	118 038	2013-08-29	上海市	29	123 045	2013-10-03	广东省
18	118 039	2014-06-13	浙江省	30	124 045	2014-10-13	广东省
19	118 040	2013-11-17	浙江省	31	124 046	2013-10-26	广东省
20	118 041	2013-11-17	浙江省	32	125 045	2013-11-02	广西壮族自治区
21	118 042	2013-11-17	福建省	33	126 045	2014-02-12	广西壮族自治区
22	119 042	2013-10-23	福建省	34	123 046	2014-05-31	海南省
23	119 043	2013-10-23	福建省	35	124 047	2013-10-26	海南省
24	120 043	2014-02-03	福建省	36	117 043	2015-06-09	台湾省
25	120 044	2014-10-17	福建省	37	117 044	2015-06-09	台湾省
26	121 044	2013-10-05	广东省	38	117 045	2015-06-09	台湾省
27	122 044	2014-10-15	香港特别行政区	39	118 043	2014-09-01	台湾省
28	122 045	2013-12-31	澳门特别行政区	40	118 044	2015-08-03	台湾省

2.2 遥感数据处理

为了提高遥感解译的效率，本书选择每幅 Landsat OLI 影像单独处理，最后合成处理结果的方法获取互花米草在整个滨海滩涂的分布信息。技术路线如图 2.1 所示，主要数据处理过程包括数据融合、掩模处理、图像增强、遥感分类，分类完成后再进行处理和结果统计。

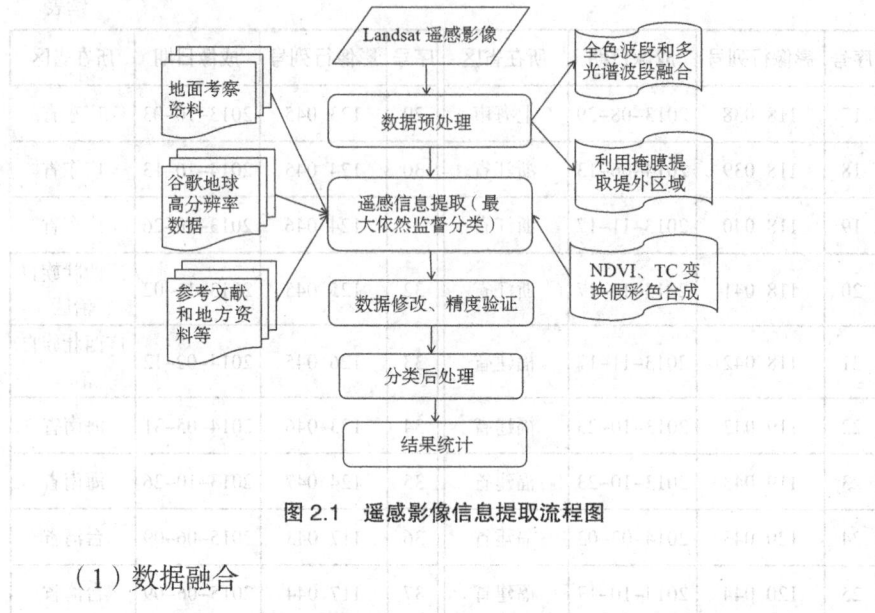

图2.1 遥感影像信息提取流程图

（1）数据融合

为了提高数据分类的准确性，使用Landsat8 OLI影像空间分辨率为30m的多光谱波段与空间分辨率为15m的全色波段进行融合处理，得到的结果影像既保留了多光谱影像丰富的波段信息，又把影像空间分辨率提高到了15m。融合方法使用ENVI软件中的Gram-Schmidt Pan Sharpening方法。该方法简单易用，且能快速完成多光谱影像的锐化，实现数据融合。

（2）建立掩模

由于互花米草主要生长在潮间带区域，为提高影像的分类效率，本书根据堤岸边界提取堤外部分为研究区，并定义为掩模参与遥感分类。

我国海岸边界类型多样，根据互花米草的生境特点，本书确定海岸边界的选取原则为：对于已完成的人工堤岸或围垦区，直接以人工堤岸或人工建筑外缘为界；对于大部分仍未完成、有较大缺口、海水仍能灌入的围垦区不作为新的堤岸处理，以围垦区内界为边界；对于已经基本完成围垦，但还有微小的缺口，且在围垦区内已经有明显的人工改造迹象，仅少量海水灌入的部分做新的人工岸线处理；对于养殖区，以养殖区外沿为边

第 2 章 互花米草在我国滨海滩涂的空间分布及生境特征

界;对于河口区域,则以河流上溯最近的闸口为界;对于基岩岸线,以明显的水陆分界线为界;砂质岸线因潮水搬运,海滩上部通常会形成一条与海岸平行的脊状砂质沉积,鉴于互花米草也可以在砂质土中生长的特征,选择沙滩脊的位置,即砂质堆积海滩的上沿为海岸边界;对于无明显堤岸的淤泥质滩涂,以陆地植被分布区如芦苇、柽柳或白茅等植被群落的外侧为边界;在南方红树林盐沼,因红树林与互花米草群落存在重叠生态位,故以红树林内侧边缘为岸线边界,海岸线以上为养殖区或陆地植被,海岸线以下为红树林和互花米草分布区。建立掩模大大缩小了遥感分析范围,提高了遥感分类的效率和准确性。

(3)图像增强

图像增强可改善图像的显示效果,增强目标地物与周围地物间的对比关系,进而提高遥感影像的解译准确性(Schmidt and Skidmore, 2003)。本书对融合后遥感影像做了进一步的图像增强处理,主要包括假彩色合成,提取归一化植被指数和缨帽变换。

在 Landsat8 OLI 543 波段形成的 RGB 彩色影像中,植被显示为红色,水体显示为蓝色或蓝黑色,人工建筑和围垦区显示为高亮的灰白色,滩涂显示为暗灰色,这是作为植被判读的最常用组合。由于滩涂植被种类较少,且由于生长潮位和生物量的差别,较容易判读,在该波段组合的夏季影像中,互花米草呈现高亮红色;芦苇由于水体的原因呈现深红色,多生长在高潮滩上部;碱蓬多生长在低潮滩,生物量较低,呈现淡红色。在红树林和互花米草的混生区,互花米草大多生长在红树林外缘,红树林呈现大片的深红色,互花米草生物量稍低,呈现浅红色。

此外,由于在互花米草和其他植被的混生群落中,单一靠光谱特征很难判定各类植被,如在崇明东滩和九段沙,互花米草与芦苇、海三棱藨草形成混生群落,三种植被的光谱特征相似,存在异物同谱现象,本书使用归一化植被指数和缨帽变换两种图像增强方法,提高影像不同植被的识别能力。归一化植被指数（Normalized Difference Vegetation Index，NDVI）是植物生长状态和群落盖度的最佳指示因子，可消除不同地物间受到大气辐射的影响，通常与群落盖度呈线性相关（Tappan et al.，1992），植被解译中参考NDVI数据，能较好地修正同类植被因盖度不同造成的分类误差。缨帽变换是指通过对原始数据结构进行转换，将原始影像压缩为亮度（Brightness）、绿度（Greenness）和湿度（Wetness）三个分量BGW。亮度分量反映了总体的反射值，绿度分量反映了绿色生物量的特征，湿度分量对土壤湿地和植被湿度最为敏感。在BGW空间中，不同土地利用类型的光谱特征呈现一定差异，优化了图像显示效果（Huang et al.，2007）。ENVI5.1软件仅提供了针对Landsat MSS、Landsat TM和Landsat ETM+影像的缨帽变换，缺少Landsat8 OLI传感器的变换工具。本书把需要处理的原始数据进行了波段提取，去除了1波段，保留与Landsat ETM+相似的波段组合，传感器选择Landsat ETM+进行缨帽变换处理。处理结果显示，不同植被在亮度、绿度和湿度轴上差别较大，特别是在绿度轴上表现较为明显，可较好地辅助滩涂植被的分类解译。

（4）遥感分类

由于潮间带地物类型较少，较易区分滩涂植被，本书选择在OLI 543彩色影像基础上，结合野外考察数据、已有文献记载和谷歌地球数据建立训练区，确定地物分类标准，利用最大似然监督分类方法完成滨海潮滩地物分类。因为本书主要提取互花米草分布信息，所以根据研究区土地利用类型，主要分为以下五类：互花米草，滩涂，养殖区，包括芦苇、柽柳、海三棱藨草、碱蓬和红树林等的其他盐沼植被，开放海域。

由于滩涂植被的光谱特征较为相似，为了保证分类结果精度，笔者用计算机监督分类结果，借助光谱增强后的影像和先验知识，通过目视解译加以修正，对分类有误的像素重新赋值，并经过多次反复修改，以保证分类的准确性，对修改后的分类数据进行了碎片合并和地类颜色调整等后续处理，并结合实地调查数据完成了数据验证，最后获得我国滨海滩涂地物分类图，对互花米草的空间分布信息进行了统计。

2.3 野外调查及室内分析

分类精度通常是判断遥感分类结果精确度的关键性指标，野外实地考察是保证遥感影像分类精度的重要途径。为了保证本书中互花米草遥感解译的精度，并了解互花米草在我国滩涂的生长状况，本书在2014年7~8月、2015年6~7月和11月对我国滨海的11个省市自治区开展了野外调查，共设置41个样地，2014年7~8月完成了辽宁省、河北省、天津市、山东省和江苏省滨海滩涂13个样地的调查，2015年6~7月完成了上海市、浙江省、福建省、广东省和广西壮族自治区滨海滩涂27个样地的调查，2015年11月对海南省1个样地进行了调查。

每个样地设置了5~8个典型植被群落分布点开展调查，用GPS记录地理坐标信息和植被群落信息。调查时部分样点会选择在单一植被群落覆盖区，部分样点选取在不同植被群落类型间的过渡区域，以利于遥感解译中确定不同植被类型的分类边界，如在崇明北滩，除了在中低潮滩的互花米草单一群落分布区和陆地边缘的芦苇带选择样点，还会在芦苇和互花米草群落的过渡带设置多个样点；在广西北海山口红树林保护区，在红树林和互花米草混合地带设置多个样点辅助解译红树林和互花米草。野外调查样点一部分用于遥感分类的训练区，另一部分用于验证遥感解译的结果。

另外，为了更深入地了解互花米草的生长情况，2015年6~7月，对从上海市到广西壮族自治区的26个样地中的互花米草群落展开了详细的群落调查。在每块样地选择2~3个互花米草长势较好的集中分布区设置

0.5m×0.5m 的样方，记录 GPS 位置、植被种类和名称、平均株高、盖度和物候期，并用镰刀收割样方内全部互花米草的地上部分，称量样方内的地上植株鲜重，后回实验室把新鲜植株在烘箱内 85℃恒温下烘干 48 小时，称量干重，根据样方面积计算单位面积生物量；在互花米草植株根部取表层土壤装袋，后回实验室检测 pH 值、电导率、土壤中 N、土壤中 P 和土壤中 C 的含量这五个土壤性质指标。

对获取的野外调查数据，利用单因素方差分析方法分析互花米草群落特征和土壤特征的区域差异，并将互花米草地上生物量和平均株高分别与土壤各指标做回归模拟，检验土壤性质对互花米草生长的影响。统计软件使用 SPSS19.0，方差分析之前需对数据进行齐性检验，若方差不齐性进行对数转换，使用"One-way ANOVA"方法进行方差分析；回归分析使用软件"Curve Estimation"工具提供的 11 种曲线模拟，并选择回归显著且回归系数最高者讨论。

2.4 研究结果

2.4.1 互花米草在我国滨海滩涂的空间分布

基于混淆矩阵（Confusion Matrix）的评价方法是评价遥感分类精度的最常用方法（叶庆华等，2004）。它将分类结果与地面真实样点信息进行比较，进而计算影像分类误差和精度。本书中将 1 219 个地面真实分类样点与修正后的分类结果进行比较，采用分层随机采样法，对影像解译结果精度进行评估，混淆矩阵结果显示分类，总精度达到 88.27%，分类结果能够很好地满足各部门对植被分类的精度要求，详细信息如表 2.2 所示。

第2章 互花米草在我国滨海滩涂的空间分布及生境特征

表 2.2 基于 Landsat 遥感影像的监督分类结果精度评价表

地物类型	参考像元数目	分类像元数目	正确分类像元数目	制图精度（%）	用户精度（%）
互花米草	400	393	341	85.25	86.77
滩涂	150	145	132	88.00	91.03
开放水域	218	211	201	92.20	95.26
养殖区	186	183	170	91.40	92.90
其他盐沼植被	265	287	232	87.55	80.84

注：样本数量：1 219；总分类精度：88.27%；Kappa 系数：0.854

结合野外考察和遥感分类结果显示，互花米草在我国沿海滩涂分布广泛，从辽宁省葫芦岛到海南省儋州湾，从辽宁省丹东鸭绿江河口到广西防城港等多个海湾、河口和海岸均有分布，纬度分布范围从 19°46′N 到 40°47′N，经度分布范围从 108°19′E 到 124°13′E，分布总面积达 55 468hm²。

从表 2.3 可看出，互花米草在我国沿海各省区分布面积差异较大，江苏省滩涂互花米草分布面积最大，达 21 843hm²，占全国分布总面积的 39.5%。上海市、浙江省和福建省滩涂互花米草分布总面积达 28 735hm²，占全国分布总面积的 52%，河北省、天津市和山东省互花米草分布总面积达 3 929hm²，约占全国分布总面积的 7.1%，广东省和广西壮族自治区互花米草总面积达 642hm²，占据全国分布总面积的 1.1%，剩余的少量互花米草分布在其他沿海地区。

表 2.3 互花米草在我国沿海各省区的分布面积

区域	互花米草分布面积（hm²）	比例（%）
辽宁省	31	0.1
河北省和天津市	684	1.1
山东省	3 245	5.7

续表

区域	互花米草分布面积（hm²）	比例（%）
江苏省	21 843	40.0
上海市	9 548	17.3
浙江省	9 648	17.4
福建省	9 539	17.1
广东省	198	0.2
广西壮族自治区	444	0.7
海南省	1	0
其他地区	287	0.4
澳门	0	0
总计	55 468	100

（1）互花米草在辽宁省的分布

辽宁省于20世纪80年代在葫芦岛市引种互花米草。引种初期，互花米草长势良好。但是，目前互花米草在辽宁省分布面积较小，无大片连续植被，主要呈分散斑块状分布，借助Landsat8 OLI的15m空间分辨率影像很难获取它们的空间分布信息，本书参考赵相健等（2015）在辽宁省互花米草的采样数据和中国科学院生态所胡远满的2008年实地调查信息，借助谷歌地球高分辨率影像得出：互花米草在辽宁省主要分布在丹东市鸭绿江口、大连市庄河外侧滩涂和葫芦岛市龙港区牛营子村外侧滩涂，分布面积大约为30hm²。

在丹东市鸭绿江口，互花米草呈条带状紧邻东港市四号塘大堤外侧分布（39°52′08.69″N，124°12′29.81″E），绵延距离达2.5km。在大连市庄河，约有23个半径大小不一的互花米草圆形斑块分散分布在庄河大桥内侧滩涂（39°39′54.73″N，123°00′59″E），最小斑块直径为4m，最大斑块直径达25m。在葫芦岛市龙港区，约有6个互花米草圆形斑块分散分布在牛营子村滨海大道外侧滩涂（40°47′57.29″N，120°57′44.05″E），最大斑块直径达7.5m。

第 2 章　互花米草在我国滨海滩涂的空间分布及生境特征

（2）互花米草在河北省天津市的分布

资料显示，天津市基于保护堤坝的目的，在 20 世纪 90 年代末在滨海新区种植了部分互花米草（徐国万等，1985）。到 2014 年，天津市互花米草分布面积达 534hm²，主要分布在天津市滨海新区外侧宽阔的滩涂上，包括南部子牙新河入海口两侧淤泥质滩涂，北大港独流减河防潮闸向海大面积滩涂，以及天津新港、海河口和汉沽大堤外侧滩涂。其中，大部分区域为互花米草单优群落，小部分地区伴有碱蓬分布。

河北省于 20 世纪末期从天津引种部分互花米草在沧州黄骅市种植。由于近年滩涂围垦日益严重，黄骅市大部分滩涂被开发为养殖区和港口，导致互花米草面积减少。2014 年遥感影像分析，仅在歧河入海口河道两侧和养殖区间隙有约 11hm² 互花米草生长。另外，在天津市与唐山市交界的陡河入海口滩涂，有约 47.9hm² 的互花米草呈连续片状分布。据野外考察发现，陡河口滩涂宽阔平坦，滩涂最大宽度达 2.5km，比较适宜互花米草生长，如果不给予控制，将成为互花米草扩散的高风险区。

（3）互花米草在山东省分布

出于保滩护岸和促淤造陆的目的，1987 年在山东省东营市五号桩防潮堤外侧引种了互花米草。据 2014 年遥感结果分析，互花米草目前主要分布在山东省东营市、潍坊市、寿光市和青岛市外侧滩涂，烟台市和威海市的基岩海岸无互花米草分布，分布总面积为 3 245hm²。

（4）互花米草在江苏省分布

由于废黄河口和长江大量泥沙的沉积，苏北滩涂成为我国面积最大的淤泥质海滩。自 1983 年开始，互花米草在江苏省启东、射阳、滨海、灌云、连云港和赣榆等市县试栽成功，并开始大面积推广（卓荣宗等，1993）。这里有对互花米草来说适宜的气候和地质条件，已经成为我国分布面积最大的互花米草盐沼。据 2014 年遥感数据分析，互花米草在赣榆、连云港、盐城、如东和启东外侧滩涂大面积分布，群落总面积达 23 214hm²。

外来种互花米草在中国沿海滩涂的扩散过程和趋势研究

在连云港和赣榆北部滩涂，互花米草群落呈条带状沿海岸分布，长度达6.5km，最大植被宽度达到1.3km。在海州湾、临洪河口、善后河口河道两侧和河口滩涂上也有大面积互花米草群落分布。盐城市互花米草分布面积占江苏省分布总面积的78%，射阳河以北为侵蚀性海岸，大面积的围垦和海岸侵蚀使互花米草面积减少，目前分布面积为775hm^2。射阳河以南为淤积性海岸，滩涂宽阔平坦，分布有较宽的连续互花米草草带，面积约为17 435hm^2，连续草带最宽处达到6.5km。南通市互花米草分布面积约为4 215hm^2，主要分布在如东县新林垦区、南坎镇、遥望港和启东市东元盐场等区域滩涂。

（5）互花米草在上海市的分布

互花米草于20世纪90年代在上海市滩涂种植，后又陆续在九段沙、崇明岛、南汇边滩和长兴岛种植。在经历了短暂的定居滞缓期后，互花米草在上海滩涂表现出了较强的竞争优势和扩散能力，面积增长迅速。到2014年，互花米草分布总面积达9 548hm^2，主要分布在崇明东滩和北部边滩、浦东新区、奉贤区和金山区的堤坝外侧、长兴岛西部和九段沙。

互花米草在崇明岛滩涂分布面积达3 696hm^2，占上海市互花米草总面积的39%。崇明东滩在设立保护区之前，曾多次在捕鱼港和东旺沙滩涂种植互花米草，在北部边滩也曾经多次种植，互花米草即是在此基础上繁殖扩散来的。据野外考察和遥感分类结果显示，在崇明北滩，互花米草长势旺盛，仅有少量芦苇分布在围垦区的外缘，高潮滩下部有小面积的芦苇—互花米草混生群落、芦苇—互花米草—碱蓬混生群落，其他区域均为互花米草单优群落，植株平均高度达到1.4m。崇明东滩是上海市滩涂淤涨速度最快的区域之一，平均每年向外淤涨约86cm（陈吉宇等，2007），为上海市提供了大面积新增土地。2000年，新建大堤围垦了大面积互花米草群落，目前大堤北侧滩涂植被分布较少，南部为芦苇、互花米草和海三棱藨草的混生群落，沿不同高程呈带状分布。长兴岛在2000年因促淤工程引种互花米草，淤积滩涂已基本被开发，仅在长兴岛西部围垦水库的外侧有少量互花米草分布。九段沙是目前上海市面积最大、自然状态保持最完整的河口潮滩湿地，包括上沙、中沙和下沙。1997年，为配合浦东机场的建设，首次将互花米草引入中沙和下沙。在互花米草引入之前，九段沙滩涂的植被主要为芦苇和海三棱藨草；在互花米草引入之后，互花米草扩散迅速，目前分布面积已达到2 648hm^2，互花米草群落已成为该沙洲上分布面积最大的盐沼植被群落，占了上海市互花米草分布总面积的37%。金山和奉贤区滩涂宽度较窄，自然淤积速度缓慢，加上围垦开发严重，仅有少量互花米草分布在星火农场外侧和南竹港滩涂，分布面积为87.1hm^2。2000年左右，南汇边滩由于工程促淤需要多次种植互花米草到芦苇外侧的海三棱藨草群落中。目前，南汇边滩淤积滩涂大部分已围垦开发，互花米草主要在堤坝外呈条带状分布，分布面积为207hm^2。据野外考察发现，互花米草在浦东滩涂的竞争优势较为明显。在朝阳农场大堤外滩涂，互花米草呈斑块状镶嵌在海三棱藨草群落中，并向光滩蔓延；在滨海镇大治河口大堤外侧，互花米草占据了大面积芦苇原有生境，仅剩余少量芦苇呈斑块状嵌入在互花米草群落中；在南汇东滩湿地外侧为互花米草单优群落，呈规则条带状分布在大堤外侧，植被宽度约5m。

（6）互花米草在浙江省的分布

浙江省于1991年开始大面积推广种植互花米草，到2014年，互花米草分布面积达到9 647hm^2，主要分布在杭州湾南岸、象山港、三门湾、椒江口、舟山岛、乐清湾、瓯江口和飞云江口等海湾、岛屿和河口外淤泥质滩涂上，主要为互花米草单优群落。在杭州湾南岸宁波镇海区大堤外侧分布有大片互花米草植被，部分互花米草生长在发电厂和污水处理池周边滩涂，水质污染对互花米草的生长无明显影响，说明互花米草有极强的耐污能力，此外，互花米草向光滩扩散趋势明显。浙江省互花米草促淤造陆作用比较明显，很多互花米草生长区已被围垦，如在椒江口、温岭、瓯江口和灵昆滩涂原大面积互花米草分布区已开发为养殖区，仅在养殖区外侧剩余少量互花米草植被。

（7）互花米草在福建省的分布

福建省海湾众多，丰富的滩涂资源为互花米草的生长提供了有利的条件。1979年年底，互花米草在罗源湾试栽成功，并在福建省沿海滩涂扩大种植，目前分布面积达到9 539hm²。在福建省北部，互花米草主要分布在宁德市里三湾、福宁湾和三都湾，福州市罗源湾、闽江口、敖江口和福清湾等，分布面积达7 182hm²，占全省互花米草分布总面积的73%，剩余的37%的互花米草主要分布在莆田市兴化湾和湄洲湾，泉州市泉州湾和围头湾，漳州市漳江口、浮头湾和九龙江口等，大部分地区为互花米草单优群落，在部分区域为互花米草和红树林的混生群落，互花米草生长在红树林的外缘。

（8）互花米草在广东省的分布

广东省海岸开发严重，海堤外滩涂面积较小，主要分布有红树林群落、芦苇—茳芏群落、红树林—互花米草群落和互花米草单优群落。经实地考察和遥感分析，互花米草分布面积为198hm²，主要分布在珠海市淇澳岛西部红树林外缘，台山市都斛镇和慈溪镇养殖区外侧滩涂，台山市镇海湾红树林外侧，以及海宴华侨农场养殖区外侧滩涂和湛江市雷州湾红树林外缘滩涂。在珠海市淇澳岛，互花米草分布广泛，后我国从孟加拉国引进速生红树植物无瓣海桑控制互花米草入侵。唐国玲等（2007）研究发现，成林无瓣海桑对互花米草的生长有较大限制作用，为乡土植物的生长创造了一定条件。野外考察发现，仅在无瓣海桑树林间隙和滩涂外侧有少量互花米草分布。据管理人员反映，淇澳岛目前剩余互花米草不到1hm²。台山市滩涂大部分区域已开发为养殖区，互花米草主要分布在养殖池间隙和大堤外侧。

（9）互花米草在广西壮族自治区的分布

1979年，互花米草被引入到广西壮族自治区北海市丹兜海滩涂种植，目前分布面积达348hm^2，主要分布在丹兜海滩涂、山口红树林保护区、铁山港湾和营盘镇外侧滩涂。在丹兜海和山口红树林保护区，互花米草生长在红树林外缘。由于大量互花米草种子随潮汐向光滩移动并在光滩定居，致使在光滩形成多个离散的互花米草圆形斑块。在营盘镇山角村和青山头村，互花米草在粉砂质滩涂上形成密集、单一的植被群落，植株密度较大，但此区域的植株高度低于其他区域，约为40cm。据当地人介绍，20世纪90年代的一场台风侵袭带来的互花米草种子可能是造成该区域互花米草扩散的主要原因。野外观察发现，该区域互花米草丛中蟹类动物较多，说明互花米草群落对当地底栖生物的生长发育有一定程度的积极影响。

（10）互花米草在海南省的分布

厦门大学王文卿教授于2015年5月在海南省西北部儋州湾红树林外光滩发现了约100m^{2}的互花米草。互花米草扩散迅速，至8月已扩散了200m^2。这是首次在海南发现的互花米草记录，也是我国互花米草分布的最低纬度记录。据考察，当地保护区已经人为清除了互花米草，并在互花米草分布地种植了白骨壤和红海榄红树幼苗。但2015年11月野外考察结果显示，在红树林外侧光滩上仍存在3丛互花米草斑块，总面积约100m^2，最大斑块面积约40m^2。该区域滩涂面积较大，互花米草扩散风险较大，加强该地区互花米草的动态监测非常重要。

2.4.2　互花米草在我国滨海滩涂的生长特征

（1）互花米草群落特征

野外考察数据显示，在我国滨海滩涂植被群落中，互花米草的优势地位非常突出，主要伴生植物为芦苇、海三棱藨草和红树林，部分地区的伴生植物还有碱蓬和茳芏。57个野外采样点中包括43个互花米草单优群落、

5个芦苇—互花米草混生群落、2个芦苇—互花米草—海三棱藨草群落、1个互花米草—海三棱藨草群落、1个互花米草—碱蓬群落、4个红树林—互花米草混生群落、1个红树林—互花米草—茳芏—碱蓬群落（广西壮族自治区北海市草头）。

方差分析结果显示，从上海市到广西壮族自治区滩涂互花米草植被在不同区域的植株高度和生物量差异显著（$p<0.05$）。从图2.2上可看出，上海市和浙江省互花米草的平均植株高度大于其他省份。其中，在上海市崇明北滩，互花米草的植株高度平均为1.2m；在浙江省北仑电厂和乐清湾，互花米草的植株高度达到1.4m以上。但是，在浙江省三门湾的部分滩涂，由于养殖和围垦的影响，互花米草长势不是很好，植株高度仅在60cm左右。在广东省潭江口堤内，互花米草生长区大部分已围垦为养殖区；在堤外，互花米草长势较好，植株高度平均可达到1m以上。广西壮族自治区互花米草的植株最矮，北海市营盘镇外侧粉砂质滩涂的互花米草的密度较大，植株高度仅有30cm左右。

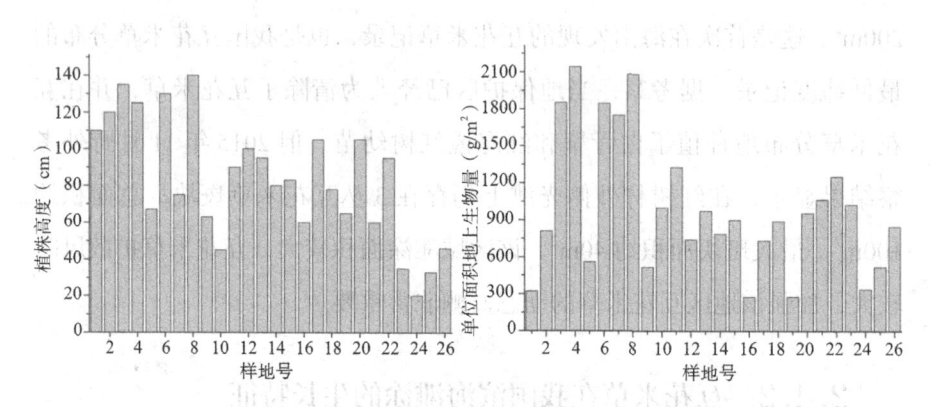

图2.2 不同地区互花米草的植株高度和单位面积生物量特征

回归分析结果（图2.3）显示，互花米草植株高度整体呈现从上海市到广西壮族自治区逐渐递减的趋势（$p<0.001$）。各地地上生物量统计数据表明，互花米草地上生物量存在区域差异，上海市崇明北滩互花米草植被地上生物量达到2 143g/m^2，是广西壮族自治区营盘镇互花米草地上生物

量的4倍多。但是，在上海市崇明东滩由于围垦和人为控制的影响，互花米草大面积消亡，在芦苇和互花米草的混生群落中，互花米草地上生物量仅为562g/m²；在广西壮族自治区丹兜海区域，互花米草引入时间较长，互花米草地上生物量达到1 000g/m²以上，远高于北海市其他区域。但是，从整体趋势上看（图2.3），互花米草在广东省和广西壮族自治区的单位面积地上生物量还是稍低于其他地区。

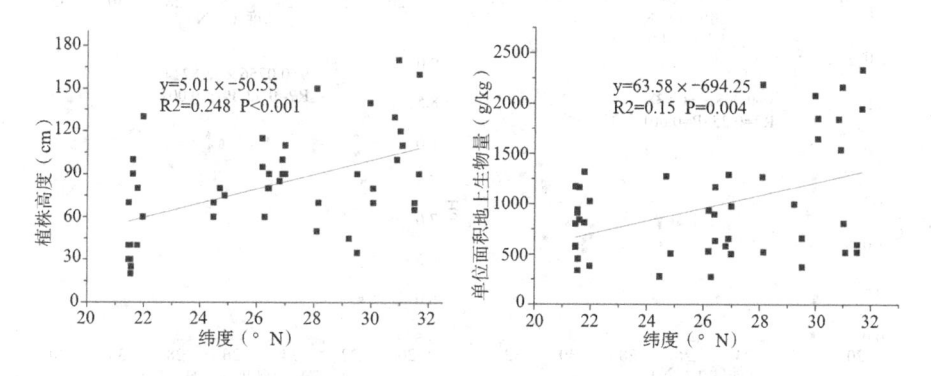

图2.3 互花米草植株高度和地上生物量与纬度的回归分析

（2）互花米草分布区的土壤性质

本次调查互花米草生境中土壤pH值的变化范围为6～8.5，回归分析结果（图2.4）显示，土壤pH值存在纬度变化趋势，上海地区pH值高于在南方地区；土壤电导率是反映土壤盐度的重要指标，数据分析发现，在调查区范围内土壤电导率无明显的纬度趋势，地区差异不显著，但从图2.4中可看出，上海滩涂互花米草生境中盐度整体低于其他区域。土壤营养物质与纬度的回归分析发现：土壤总N比例的变化范围为0.004%～0.186%，随纬度变化趋势不明显；土壤总C比例的变化范围为0.064%～2.589%，随纬度变化趋势显著，高纬度地区总C值大于低纬度区域；土壤总P的变化范围为108.76～817.22mg/g，同样存在高纬地区值大于低纬度地区的趋势，在广西北界村和广东海侨镇外侧米草生境中P的含量也出现异常升高的现象。

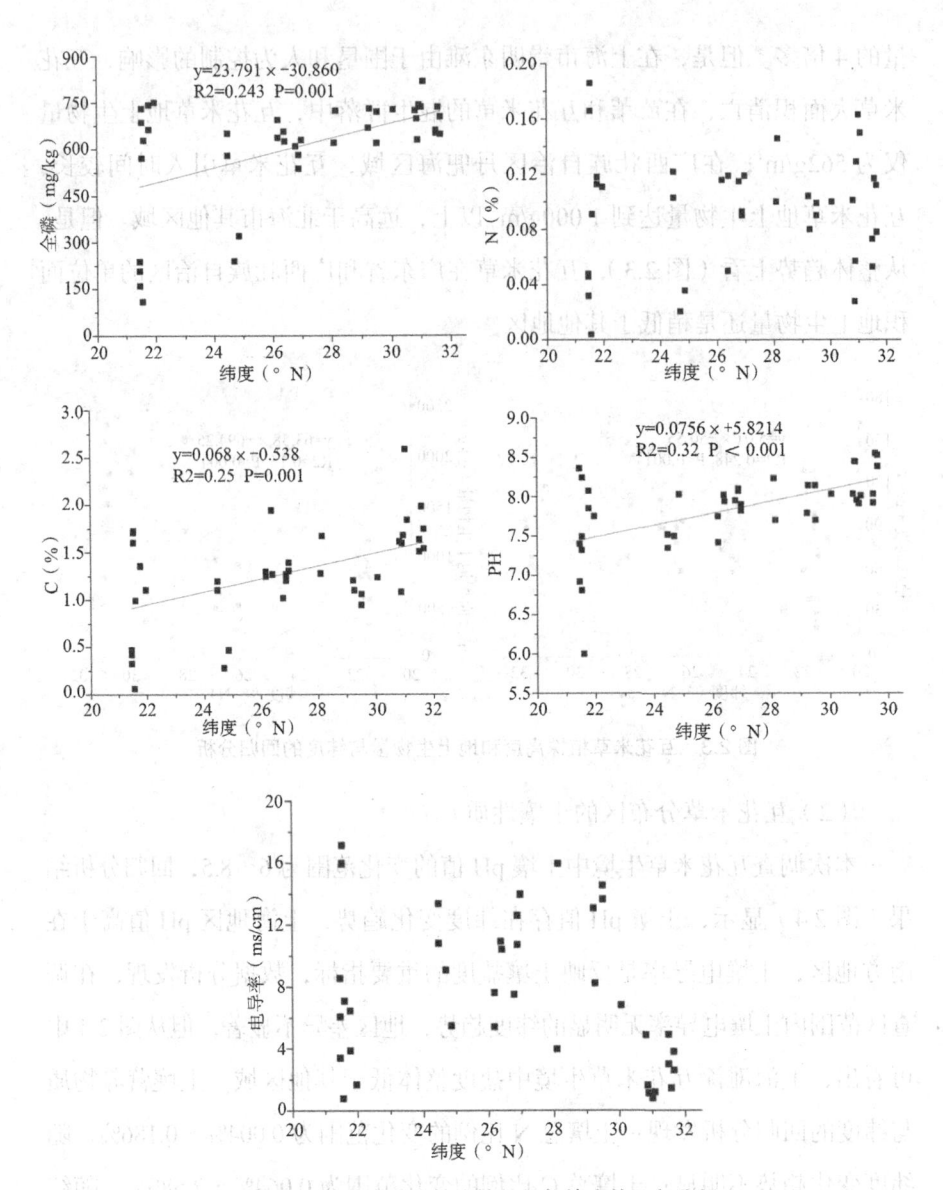

图2.4 互花米草生境土壤特征与纬度的回归分析

（3）生境土壤性质对互花米草生长的影响

土壤pH值、电导率和碳、氮、磷含量与互花米草生物量的相关性分析（图2.5）表明，土壤pH值对互花米草生物量无明显影响；互花米草单位面积生物量随着电导率（盐度）的升高而减少（p<0.05）；调查区范围内互花米草的生长与土壤碳氮磷的变化相关性不显著（p>0.05）。

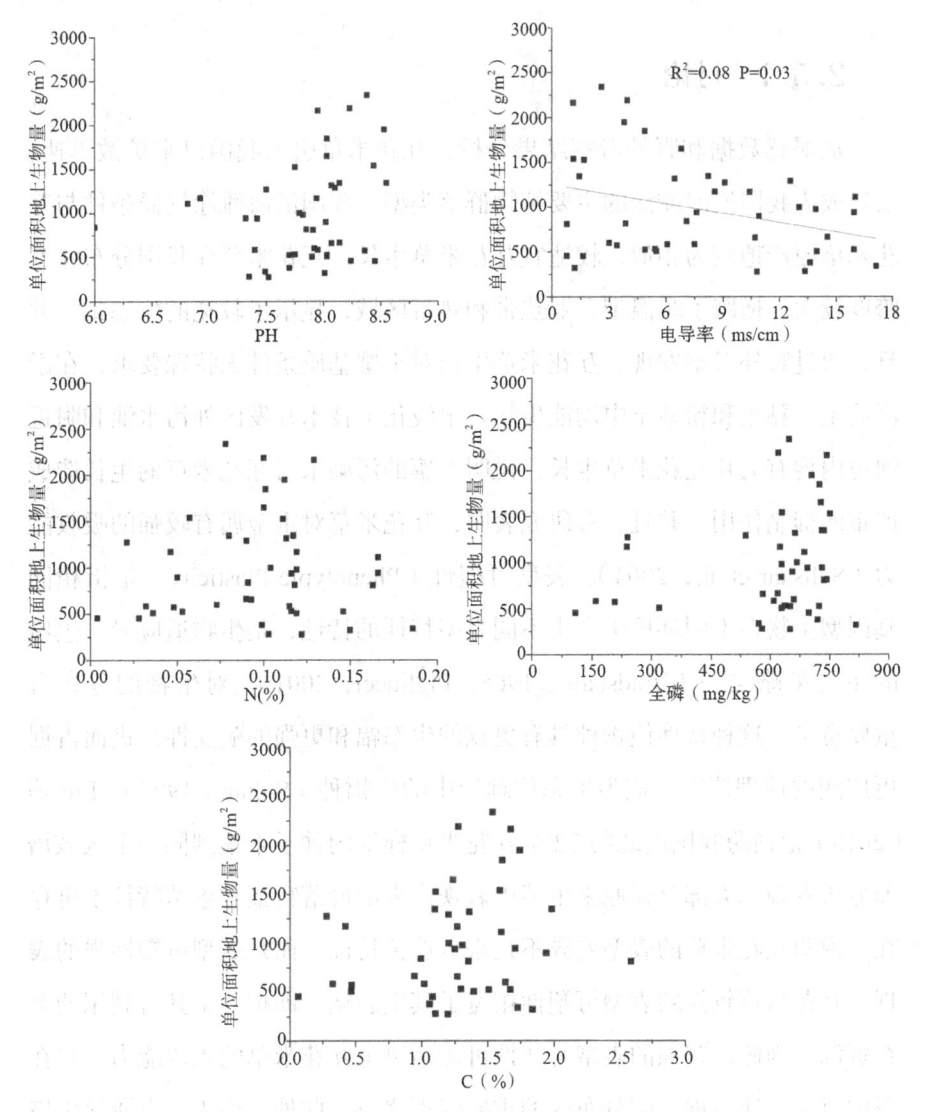

图 2.5　互花米草生境土壤特征与生物量的回归分析

2.5 本章讨论与小结

2.5.1 讨论

从遥感数据和野外考察结果分析，互花米草引入我国以来扩散迅速，已经成为我国滨海滩涂的主要植物群落类型。我国沿海滩涂气候条件与互花米草原产地较为相似，较适宜互花米草生长。互花米草在我国分布纬度跨度较大，横跨了暖温带、亚热带和热带区域，显示了较宽的生态幅。并且，通过野外考察发现，互花米草生长对土壤基质条件无特殊要求，在淤泥质土、黏土和粉砂土中均能生长。宁波化工技术开发区外污水池和附近河道内均有大片互花米草生长，说明土壤的污染未对互花米草的生长造成严重的抑制作用。并且，有研究表明，互花米草对重金属有较强的吸收能力（Seliskar et al., 2004）。表型可塑性（Phenotypic Plasticity）是指相同基因型生物在不同环境中产生不同表型特征的特性，是生物适应异质生境的主要策略之一（Bradshaw, 1965; Pigliucci, 2001），对生物的分布有重要意义，这种特性使物种具有更宽的生态幅和更强的耐受性，进而占据更广阔的地理范围，成为生态位理论中的广幅种（Sultan, 1995）。Liu 等（2015）把横跨我国南北的 22 个互花米草样地的种子采集到同一个区域培养分析发现，大部分在原来生境中表现出来的群落特征和繁殖特征不再存在，说明互花米草的表型差异不是来自遗传特征，而是表型可塑性强的表现。互花米草较强的表型可塑性拓宽了其生态幅，即扩展了其可利用的潜在资源。因此，较强的表型可塑性可能是决定互花米草的入侵能力，并在我国滩涂迅速占据广阔分布区的重要因素之一。此外，由于滨海滩涂生境严酷，互花米草引入之前多为裸露的泥滩，很少有高等植物分布，因此，互花米草在入侵初期通常是作为群落演替的先锋植物占据空生态位，种群一旦定居成功就有可能快速扩散。例如，在互花米草引种之前，我国除南

第2章 互花米草在我国滨海滩涂的空间分布及生境特征

亚热带以南有红树林沼泽和海草群落外,中亚热带以北高潮带下部是没有高等植物分布的,互花米草是在空生态位上引种成功的(Zhang et al.,2004),广阔的滩涂为互花米草入侵提供了充足的可利用资源。互花米草强大的入侵能力和我国滨海滩涂的可入侵性共同促成了互花米草在我国滩涂的广泛分布。

本书研究结果表明,互花米草在我国空间分布存在明显的区域性差异。90%以上的互花米草生长在江苏、上海、浙江和福建四省市,主要集中在25°N~35°N。从温度带的划分上也可看出:位于暖温带和北亚热带的互花米草面积占总面积的74.04%,中亚热带互花米草面积占了18.67%,热带互花米草面积仅占7.9%。从野外采集互花米草的群落特征可以看出,从上海市到广西壮族自治区,互花米草植株高度和单位面积生物量出现整体下降的趋势。赵相健等(2015)对全国不同纬度区的互花米草生长特征进行分析也发现,互花米草的株高、基茎、种群地上生物量等生长特征总体呈现先升高、后下降的趋势。国外多项研究发现,互花米草的生长能力随着温度升高而提高,但是,过高的温度会限制互花米草的扩散和生长。在互花米草原产地,互花米草生长特征也表现出随纬度梯度而改变的趋势(Kirwan et al.,2009;Idaszkin and Bortolus,2011),说明温度还是造成不同区域互花米草生长特征出现差异的重要环境因子。本书认为,在南方某些地区,互花米草长势稍差,可能与其定居时间较短,还处于环境适应阶段有关。野外观察同时发现,这些区域的植株密度较大,推测这也是互花米草在扩散初期的一种生存机制。互花米草通过高密度分株提升种群生存概率,并占据更多的生存空间,这也解释了在上海市崇明东滩滴水湖滩涂定居初期的互花米草群落密度高、植株矮和地上生物量低的特殊现象。另外,野外调查也发现,红树林外缘互花米草的株高和地上生物量平均值要低于光滩互花米草单优群落的地上生物量的平均值,说明虽然互花米草与红树林存在重叠生态位,但是互花米草在高密度成熟红树林群落中不存在竞争优势。漳江口红树林和互花米草的竞争实验研究发现，互花米草在中低潮滩对红树林幼苗萌发有一定影响。但是，在密闭红树林下，互花米草幼苗几乎无法生存，这也解释了在鳌江口、漳江口互花米草植株高度和地上生物量均低于周围区域的现象。

分析互花米草生境中的土壤特征表明，在土壤中除了P和C的分布存在微小的区域差异外，其他土壤特征无明显的区域差异和纬度趋势，这与Liu等（2015）的研究结果一致。并且，本书发现，互花米草的生长受土壤pH值影响较小，这可能是由于调查区土壤pH值（6~8.5）处于互花米草的适宜范围。妮维雅（Nievaa）等对西班牙不同地区的互花米草生长特征调查结果显示，互花米草生境中土壤pH值变化范围为6~8，对植株的生长无显著影响，但是，笔者发现，土壤中N、P和C的变化对互花米草的生长无显著影响，这与之前的部分结论有些不一致。互花米草原产地的研究表明，营养物质的添加会提高互花米草的生长能力，并且Liu et al.（2015）的研究也说明，互花米草生长特征受到土壤氮含量增加的影响，所以推测是调查区区域范围小于之前的研究区范围，土壤营养成分差异较小，不足以引起互花米草生物量的差异。另外，互花米草的生物量呈现随电导率（盐度）增加而降低的趋势。已有研究表明，互花米草耐盐能力较强，野外最适生长盐度范围为10~20ppt，但如果盐度过高，则互花米草的生长会受到抑制（Wang et al., 2006），这说明盐度的变化可能会引起生长特征的差异。调查区地貌特征差异较大，包括河口、海湾、海堤外滩涂和海堤内围垦区（养殖区）等，可能会造成土壤盐度的区域性差异，进而引起地上生物量的变化。

结合野外考察和遥感分析显示，互花米草已扩散到了我国大部分河口和海岸滩涂，并且有进一步扩散的趋势，给当地的生态环境和经济发展带来了一定的负面影响。例如，上海市崇明东滩互花米草群落大面积占据芦苇和海三棱藨草生境，造成生物多样性降低，影响了稀有水鸟的觅食和栖息环境，降低了保护区价值；浙江省杭州湾南岸和三门湾等地区，互花米草在光滩大面积扩散对海产养殖造成负面影响；广西壮族自治区山口红树林保护区中互花米草在红树林边缘和间隙扩散迅速，占据了大量红树林的生长空间，并迅速向光滩扩散，对红树林的保护造成不利影响。该现象与Liu等（2012）在漳江口红树林保护区的研究结果一致，在中低潮滩互花米草对红树林幼苗生长影响较大，人类干扰会加剧中等盐度河口互花米草替代红树林的进程。因此，加大不同区域互花米草动态监测，并制定有效的控制和管理措施是下一步的重要工作。

2.5.2 本章主要结论

①互花米草引入我国以来，在我国滨海滩涂空间分布总面积达到55 468hm^2，纬度跨度达到21°。空间分布区域差异较大，江苏、上海、浙江和福建4省、市所在的中部区域分布面积较大，辽宁、河北、广东和海南等省的南北部区域分布面积较小。

②我国互花米草群落大多为互花米草单优群落，伴生种较少，混生群落中主要伴生植物为芦苇、海三棱藨草和红树林，部分地区的伴生植物还有碱蓬和茳芏。互花米草的生长特征存在显著区域差异，互花米草在中纬度区域的平均植株高度和单位面积地上生物量总体大于低纬度区域。除温度外，种间竞争和人类围垦活动也是影响互花米草空间分布差异的重要因素。

③在调查区范围内，高纬度互花米草生境中的土壤pH值、总C含量和总P含量稍高于低纬区，但土壤盐度、总N含量没有明显的纬度变化趋势。互花米草的生物量与土壤盐度相关性显著，随土壤盐度的升高而降低，但调查区内其他土壤因素对互花米草的生长无明显影响。

第3章 互花米草在我国沿海滩涂的扩散过程和区域差异性研究

格局和过程是生态学研究的核心问题（Levin，1992）。群落扩散过程是植物群落动态变化的重要过程，通常受到繁殖体的传播特性、传播动力和环境条件的综合影响，植物空间扩散格局复杂多样，形成了对未来种群乃至整个群落的格局和过程都产生了重要影响的一个潜在空间模板（Rand，2000；Xiao et al.，2010）。我国沿海有适合互花米草生长的气候环境条件，导致互花米草在我国扩散迅速，占据了我国大部分的河口、海湾和海岸带滩涂。互花米草扩散过程的相关研究大量开展，研究区域多数都局限于互花米草的典型分布区，如江苏盐城、长江口、浙江乐清湾、福建罗源湾和广西沿海等区域（Huang et al.，2007；Wu et al.，2013；Liu et al.，2015；Pan et al.，2016），目前没有关于互花米草在大尺度范围内扩散过程的研究成果。本书借助历史卫星遥感影像、谷歌地球和已有研究成果等资料来探究互花米草在我国整个沿海滩涂的扩散过程，进而理解互花米草的入侵历史，对认知互花米草入侵生态学过程和入侵机制，以及对互花米草加强管理有一定的理论指导意义。

据遥感分析和野外调查结果显示，互花米草在我国沿海空间分布和生长特征区域差异较大。在中纬度区域，互花米草长势较好，且分布面积较大；在高纬度和低纬度区域，互花米草分布面积较小，长势稍差。研究表明，互花米草有性繁殖在种群扩散中的贡献率随着入侵条件的不同而

第3章 互花米草在我国沿海滩涂的扩散过程和区域差异性研究

产生差异，互花米草的扩散能力也与地理环境有关（Honnay and Bossuyt，2005）。因此，互花米草在大尺度范围内的扩散过程如果存在差异，那么这些区域差异与哪些环境因素有关，是一个值得研究的问题。因此，本书在我国沿海沿纬度选取多个互花米草典型分布区，对互花米草种群扩散过程的区域性差异和影响因素展开了研究。

3.1 数据来源

本章的数据来源主要包括四个部分：

（1）Landsat系列遥感卫星影像数据

Landsat卫星记录了全球从1984年至今的遥感卫星数据，数据连续性较好，卫星运转周期短，波段丰富，30m的空间分辨率也比较适合做大尺度植被覆盖动态监测的研究。本书搜集了1985年—2014年覆盖我国滨海区域的9个时期（1985年、1990年、1995年、2000年、2003年、2005年、2008年、2010年、2014年）Landsat影像共352景，来研究互花米草在我国沿海滩涂的扩散过程。其中，1985年—2010年的数据主要使用Landsat5 TM影像（30m空间分辨率），如果无合适影像，则使用同一时期的Landsat7 ETM+影像（30m空间分辨率）替代，2014年数据使用多光谱波段和全色波段融合后的Landsat8 OLI影像（15m空间分辨率）。所有Landsat数据均从美国地质勘探局网站获取，主要选择低潮位、云量少时的遥感卫星影像。由于滩涂植被季相变化较大，影像的成像时间尽量选择在植物生长旺盛的夏季或不同滩涂植被群落季相相差特别明显的秋季。

（2）谷歌地球历史数据

在互花米草分布面积较小的河口或海湾，基于30m空间分辨率的Landsat卫星影像很难准确判读互花米草的空间信息，谷歌地球数据空间分辨率可达到1m以下，不同滩涂植被的纹理特征区别明显，可辅助遥感影像的解译和验证。并且，谷歌地球历史影像丰富，对往期 Landsat 影像选择遥感分类训练区和验证也有很大帮助。谷歌地球数据利用谷歌地球软件（Google Earth 7.1.7.2606，2016 Google Inc.）获取。

（3）野外考察数据

2014 年—2015 年全国互花米草的群落调查为影像解译提供了训练点和验证点数据，土壤特征数据为分析互花米草的扩散过程提供了基础的数据来源。

（4）SODA 月平均海洋数据集（南京信息工程大学大气资料服务中心）

为了分析互花米草的扩散过程是否受到海洋环境的影响，本书搜集了海洋温度、盐度和海流速度数据，数据来源于 SODA 月平均海洋数据集。SODA 海洋数据集是美国马里兰大学于 20 世纪 90 年代初开始开发的分析系统，由全球简单海洋资料同化分析系统（Simple Ocean Data Assimilation）产生，目的是为气候研究提供一套与大气再分析资料相匹配的海洋再分析数据资料。该系统用于分析的温度和盐度廓线数据量高达 7×10^6 个，其中，2/3 数据来自世界海洋数据库（World Ocean Database），其他来自美国国家海洋数据中心（National Oceanographic Data Center，NODC）的实测温度数据、全球海洋观测网和大西洋热带海洋浮标组群的观测数据、综合海洋大气数据集（COADS）的混合层温度数据等。SODA 海洋数据集包含的变量有海水温度、海水盐度、海流速度、海表风应力、海洋上层 0～500m 热含量、海洋上层 0～125m 热含量和海平面高度等。随着分析系统的不断开发和升级，SODA 数据集更新了多种版本，本书使用 SODA2.6.1 数据，从国际气候与社会研究所（The International Research Institute for Climate and Society，IRI）获取。

第3章 互花米草在我国沿海滩涂的扩散过程和区域差异性研究

SODA2.6.1 数据集包含海水温度（temp）、海水盐度（salt）、纬向海流速度（u）、经向海流速度（v）、纬向海表风应力（taux）、经向海表风应力（tauy）和海表面高度（ssh）共7个海洋环境变量，变量详细信息如表3.1所示。本书主要选用海洋温度、海洋盐度、海洋纬向海流速度和海洋经向海流速度4个变量。根据互花米草在我国滨海的分布范围，数据集的区域范围定义为"107.25° E~124.25° E；17.25° N~41.25° N"；垂直深度选择表层（0~5m）；数据采集时间选择1979.01.01~2008.12.31，共30年360个月的海洋数据。

表 3.1 SODA 数据集变量基本信息表

变量全称	简称	维数	水平分辨率	垂直分布	单位
温度（temperature）	temp	(depth, lat, lon)	0.5°×0.5°	40层	℃
盐度（salinity）	salt	(depth, lat, lon)	0.5°×0.5°	40层	ppt
纬向海流速度（zonal velocity）	u	(depth, lat, lon)	0.5°×0.5°	40层	cm/s
经向海流速度（meridional velocity）	v	(depth, lat, lon)	0.5°×0.5°	40层	cm/s
纬向海表应力（tau x）	taux	(lat, lon)	0.5°×0.5°	1层	dynes/cm^2
经向海表应力（tau y）	tauy	(lat, lon)	0.5°×0.5°	1层	dynes/cm^2
海表面高度（sea surface hight）	ssh	(lat, lon)	0.5°×0.5°	1层	cm

（5）地面气候数据

为分析互花米草扩散过程与地面气候环境间的关系，本书搜集了覆盖我国辽宁到海南沿海285个站点的气候环境数据。本书选择的气候指标包括年平均温度、年平均气温日较差、年均降水量、最热月（7月）平均温度、最热月最高温度、最冷月（1月）平均温度、最冷月最低温度共7个指标。数据从中国气象数据网获取，前3个指标来自地面累年值数据集（1981年—2010年），后4个指标来自地面累年值月值数据集（1981年—2010年）。

3.2 研究方法与数据处理

3.2.1 互花米草在我国沿海滩涂的总体扩散过程分析

为探讨互花米草在我国沿海滩涂的总体扩散过程，本书分别对1985年—2010的8期遥感数据进行遥感分类和解译，以获取每个时期的互花米草群落分布数据，影像的数据处理与2014年互花米草空间信息的遥感处理过程基本一致，借助ENVI5.2软件的最大似然监督分类工具在Landsat TM432假彩色影像上建立训练区完成遥感分类，训练样点以2014年沿海滩涂植被分类结果图、Google Earth历史影像和已有发表文献为主要参考数据，对初步分类结果进行目视修改并验证，分类总精度保证达到80%以上。

本书把分类后栅格数据转换为矢量数据，并利用ArcGIS软件统计每年的互花米草面积，计算互花米草的年扩散率，分析互花米草的空间扩散模式及在我国滩涂的入侵过程。

3.2.2 互花米草在我国沿海滩涂扩散过程的区域性差异及影响因素研究

为研究互花米草在我国滩涂扩散过程是否存在区域差异性，本书选择了从天津市到广西壮族自治区的43个互花米草分布区作为研究样地，借助于遥感分类结果获取各样地的互花米草年扩散率和年均扩散距离（垂直海岸扩散速度和平行于海岸扩散速度）2个扩散过程指标，研究样地原则

第 3 章 互花米草在我国沿海滩涂的扩散过程和区域差异性研究

上选取当前互花米草分布面积大于 20hm² 的海湾、河口或海岸滩涂。利用单因素方差分析和回归模拟方法分析不同区域互花米草扩散速度的差异。

两个扩散指标的计算方法如下：

（1）年扩散率

$$p = \sqrt[n]{A_n / A_0} - 1 \quad （公式 1）$$

在公式 1 中，P 为年扩散率，A_0 为样地互花米草初始面积，A_n 为样地 2014 年互花米草面积，n 为互花米草在该样地的入侵时间。

（2）年均扩散距离

种子繁殖和营养繁殖是互花米草开辟新生境，占据更多滩涂空间的两种途径。互花米草通常表现出垂直于海岸线的侧式扩散和平行于海岸线的远距离扩散模式。在理想情况下，入侵种进入新的区域后，将从最初建立种群的点辐射对称地向四周扩散，形成圆辐射状分布区（Hengeveld, 1989）。但是，区域环境各种各样的屏障和干扰使某些特定方向上的扩散受到限制，从而使扩散区域呈现不规则的形状（Kawasaki et al., 1997），因此，对扩散速度的测量应该具有可比性，能够反映扩散过程中的屏障作用。互花米草在我国沿海的扩散受到滩涂地形和围垦的影响，造成扩散区极不对称，使用"邻里测量"方法计算互花米草的扩散速度较为合适。这种测量方法是安多（Andow）等（1993）提出来的，将扩散速度用邻近区域内地理边界的平均增量来表示，计算公式为：

$$\Delta r = \sqrt{(\Delta r\max^2 + \Delta r\min^2)/2} \quad （公式 2）$$

公式 2 中，$\Delta r\max$ 和 $\Delta r\min$ 分别表示分布区原地理边界和新地理边界之间的最短和最远距离，由此可得互花米草的年均扩散距离公式如下：

$$V_x = \frac{D_x}{t} \quad V_y = \frac{D_y}{t} \quad （公式 3）$$

$$D_x = \sqrt{(D_{x\min}^2 + D_{x\max}^2)/2} \quad D_y = \sqrt{(D_{y\min}^2 + D_{y\max}^2)/2} \quad （公式4）$$

其中，公式3中的V_x表示互花米草斑块垂直于海岸的扩散速度，V_y表示互花米草斑块平行于海岸的扩散速度；公式4中的$D_{x\min}$表示斑块垂直于海岸扩散的最短距离，$D_{x\max}$表示斑块垂直于海岸扩散的最远距离；$D_{y\min}$表示斑块平行于海岸扩散的最短距离，$D_{y\max}$表示斑块平行于海岸扩散的最远距离；t表示互花米草在该样地的入侵时间。借助SPSS软件的单因素方差分析工具，可以分析各样地互花米草扩散速度的差异性。

利用ArcGIS维度计算工具（Multidimension Tools）和矢量空间统计工具（summary statistics）统计SODA数据集中所有样点30年来的海水盐度、海水温度和海流速度数据，获得每个样点多年平均海水盐度、年均海水温度、最高海水温度、年均纬向海流速度和年均经向海流速度数据，根据邻近原则，获得43个互花米草样地的海水环境指标。采用同样方法获得所有样地的地面气候指标。针对本书选择的上海到广西的研究样地，结合2015年调查的土壤pH值、电导率、土壤中N、土壤中C和土壤中P指标数据，根据邻近原则，获取互花米草样地的土壤指标数据。

利用SPSS软件中的曲线回归模拟工具，分析互花米草扩散速度与海水环境变量、地面气候环境变量和土壤性质变量之间的相关性。

3.3 研究结果

3.3.1 互花米草在我国沿海滩涂的扩散过程

互花米草引入我国沿海种植后，由于适宜的生态环境条件，加上互花米草具有较强的竞争和繁殖能力，互花米草在我国滩涂迅速扩散，占据了从辽宁省到海南省的多个河口、海湾和海岸地带。1980年—1990年，

第3章 互花米草在我国沿海滩涂的扩散过程和区域差异性研究

互花米草在我国主要为在各地小面积试栽阶段,因此,在1985年遥感影像上很难看出有大片互花米草生长,1990年—2014年互花米草在全国的扩散面积如表3.2所示。从表中可看出,互花米草在我国的分布总面积从1990年的3 956hm^{2}到2014年的55 468hm^2,年均扩散率达到11.6%;1990年—2003年,互花米草处于面积持续快速增长状态;2003年—2005年,互花米草的面积小幅下降;2005年—2014年,互花米草面积缓慢增长,面积增长总体呈现二次曲线模式(图3.1)。各省区间互花米草扩散率有一定差异,江苏省互花米草扩散速度最快,年均面积增长率达到152.1%。从图3.2可看出,除了广东省外,其他省区互花米草面积整体呈现增长模式。

表3.2 互花米草在我国沿海不同区域的扩散率(1990年—2014年)

省区	互花米草面积(hm^2)								年扩散率(%)	面积比例(%)
	1990	1995	2000	2003	2005	2008	2010	2014		
辽宁省								31	--	0.1
河北省和天津市			46	147	208	169	421	684	21.26	1.1
山东省	2	271	39	127	215	262	861	3 245	36.10	5.7
江苏省	361	8 243	15 303	18 524	16 970	17 241	18 573	21 843	152.10	40.0
上海市		139	3 135	4 375	4 850	6 881	7 770	9 548	24.90	17.3
浙江省	100	5 552	7 107	11 171	9 670	12 242	12 530	9 648	21	17.4
福建省	2 513	5 914	7 495	7 568	6 432	8 689	10 164	9 539	5.71	17.1
广东省	970	1 287	605	246	154	345	280	198	-6.40	0.2
广西壮族自治区	10	81	149	190	211	392	405	444	17.10	0.7
海南省								1	--	0.1
总计	3 956	21 487	33 879	42 348	38 710	46 211	51 004	55 468	11.6	100%

注:表中"--"标记表示因无法获取该区域历史数据,无法计算年扩散率值。

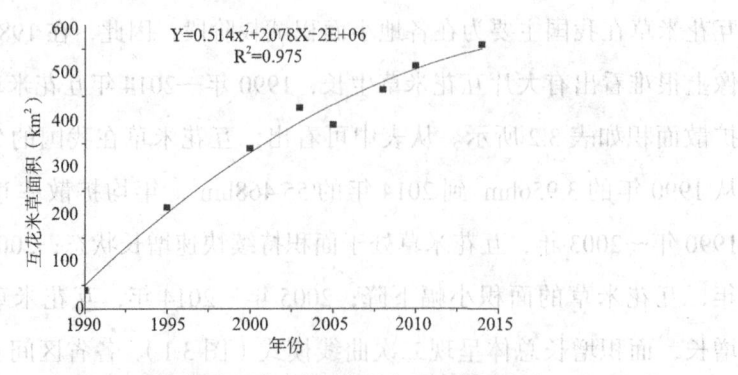

图 3.1 我国沿海互花米草扩散的多项式增长模型

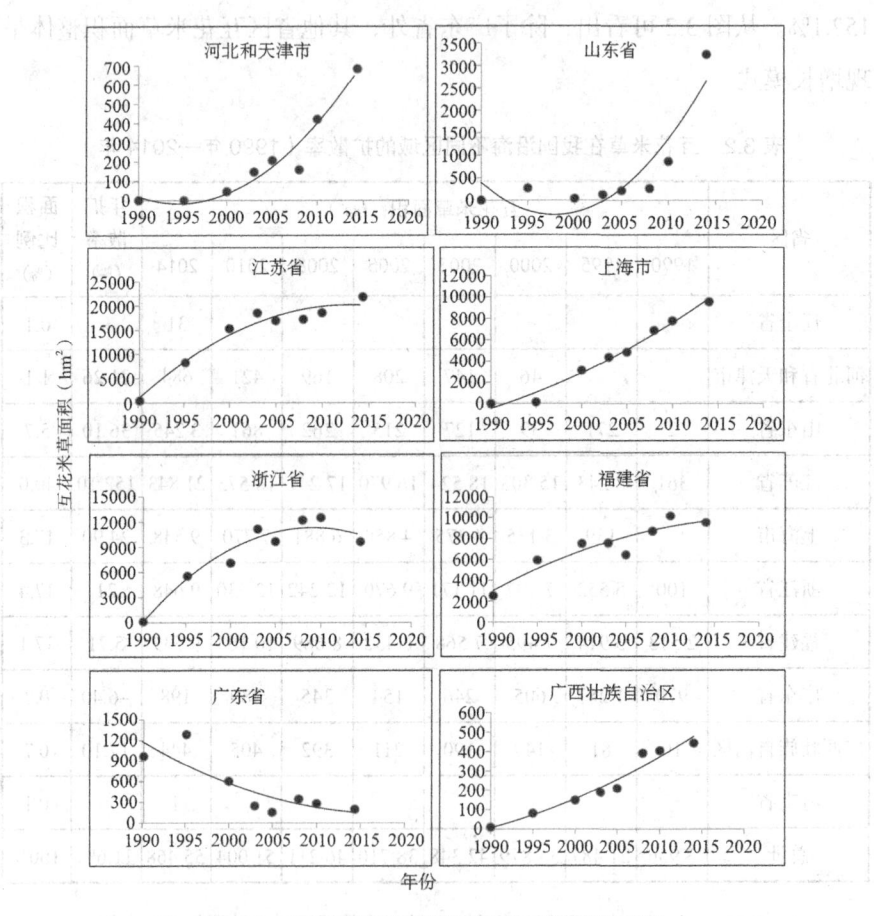

图 3.2 我国沿海不同地区互花米草的扩散模型

第3章　互花米草在我国沿海滩涂的扩散过程和区域差异性研究

（1）1990年—1995年

1990年全国互花米草面积已经达到3 956hm²，主要分布在江苏省连云港临洪河口、盐城及启东市外滩涂，福建省福宁湾、罗源湾、三都湾，广东省淇澳岛红树林外、潭江河口滩涂，广西壮族自治区丹兜海红树林外滩涂。

福建省最早引入互花米草，互花米草经推广种植后在沿海多个海湾和河口迅速扩散，1990年，互花米草分布面积达到2 513hm²，占全国分布总面积的64%。随着对环境的适应力逐渐增强，互花米草在我国滩涂分布面积大幅增长，1995年全国分布总面积达到21 487hm²，年均扩散率达到40.3%。

江苏省从1983年开始在沿海大面积种植互花米草，广阔的滩涂和适宜的气候为互花米草迅速扩散提供了非常有利的条件，到1995年互花米草面积已经达到8 243hm²，与1990年相比，互花米草面积增长了近23倍。5年间互花米草除了在原分布区大面积扩散外，在山东省、上海市、浙江省和福建省部分地区也出现了新的斑块。

山东省五号桩外于1990年引种的互花米草出现小范围扩展，胶州湾内出现自然扩散的互花米草斑块约0.8hm²。

上海市于20世纪90年代初启动互花米草促淤造陆工程后，1995年主要在崇明北滩和东滩有少量互花米草分布，面积约为139hm²。

1991年，浙江省在沿海大规模推广互花米草种植范围，浙江省杭州湾南岸大堤外出现约360hm²的互花米草植被，呈条带状和斑块状分布。三门湾外滩涂宽阔平坦，潮间带植被数量较少，互花米草在此定居后扩散迅速，分布面积达3 546hm²，另外，在椒江口、台州湾、欧海口、灵昆滩涂、飞云江口和苍南县外滩涂都在原种植区向周围大幅扩散。到1995年浙江省互花米草分布总面积达到5 552hm²，每年平均面积增长54.5%。

福建省互花米草在福宁湾和三都湾大面积扩散的同时，在闽江口南侧及九龙江口出现了少量互花米草斑块。

（2）1995年—2003年

1995年—2003年，互花米草依旧处于迅速扩张阶段，到2003年空间分布总面积达到42 438hm²，比1995年总面积增长了97.1%，互花米草分布在我国从天津到广西北海的多个河口和海湾。

天津在1997年引种互花米草后，互花米草主要在原种植区域小幅扩散，主要分布在海河入海口、汉沽盐场和八一盐场外侧，到2003年面积达到137.3hm²。

山东省五号桩滩涂互花米草斑块向南扩散约1km，形成长1.8km、宽0.1km的互花米草草带，外侧有贝壳滩堆积，对互花米草向海方向扩散有一定限制作用。在莱州湾莱州市程郭镇外侧滩涂和丁字湾均出现了新的互花米草小斑块，在胶州湾大沽河口外侧形成大片互花米草单优群落。

江苏省互花米草在此期间面积增长迅速，2003年分布总面积达到18 524hm²，是1995年互花米草面积的2倍多。在连云港，互花米草面积达到571hm²。在临洪河口形成宽约150m的互花米草带，并逐渐向北面滩涂扩散，一直到至赣榆县马站镇外滩涂。在盐城射阳河口以北，由于海岸的侵蚀和养殖区围垦，未出现互花米草大面积扩散，部分区域由于养殖区开发造成大面积互花米草死亡。射阳河口南侧滩涂属于淤泥质滩涂，滩涂宽度较大，随着滩涂的不断淤涨，互花米草向光滩扩散迅速，2003年总面积为14 935hm²。在新洋港、川东港和王港等滩涂均形成了连续约2km的互花米草带。

在此期间，互花米草在上海市崇明北滩、崇明东滩、南汇边滩和九段沙滩涂扩散迅速，植被面积达到4 375hm²，年平均扩散率达到54%。在崇明北滩北六滧滩涂，分散的互花米草斑块连成片状，并向光滩大幅扩散，形成密闭群落，年均扩散距离达到40m/a。崇明东滩北部互花米草取代了

第3章 互花米草在我国沿海滩涂的扩散过程和区域差异性研究

大面积的芦苇，造成芦苇大面积减少，中高潮滩互花米草大面积增加。此外，2001年为加快促淤，崇明在东滩捕鱼港沿岸的海三棱藨草群落中人工种植了3.37km^{2}的互花米草，植株成活率达90%以上，后于2003年又种植互花米草5.5km^2，虽然后期进行了人工拔除，但并没有拔除干净，造成了此阶段互花米草面积的大幅增加。在九段沙，滩涂的淤涨为互花米草的扩散提供了有利条件，互花米草面积在2003年达到了623hm^2。在南汇边滩，由于拦坝促淤工程的实施，北部滩涂大部分遭到围垦，造成植被面积减少，南部区域互花米草向海迅速扩散，年均扩散距离达到137m/a。

2003年，浙江省互花米草总面积达到11 171hm^2，比1995年面积增加了101%。1995年—2000年，杭州湾南岸互花米草向光滩扩散明显，扩散距离达1.3km，分布面积达到1 360hm^2，但2000年—2003年滩涂围垦造成了部分互花米草减少。三门湾的互花米草几乎占据了养殖区外侧的全部滩涂生境，总面积达到6 837hm^2。此外，互花米草在浦坝港、三门湾和乐清湾等地区也大幅扩散。另外，在此阶段，舟山市鱼龙港、象山县西沪港和椒江口均出现了新的互花米草斑块。

福建省互花米草面积有所增加，但互花米草扩散速度缓慢，2003年群落总面积达到7 568hm^2，仅比1995年增长了28%。互花米草仍主要分布在福宁湾、三都湾、罗源湾、闽江口、敖江口、泉州湾、九龙江口。福宁湾、罗源湾、泉州湾的大面积围垦可能是造成互花米草在此阶段面积增长缓慢的原因。另外，在莆田市湄洲湾和漳江口均出现了小面积互花米草新斑块。

广东省由于淇澳岛的生物控制和潭江口及镇海湾的滩涂围垦，造成互花米草面积大幅下降，相比1995年减少了约80%。

在广西壮族自治区丹兜海和山口红树林保护区，互花米草小幅扩散，2003年互花米草面积达到190hm^2。

（3）2003年—2005年

2003年—2005年，互花米草在全国的分布面积小幅下降。2005年，互花米草分布总面积为38 710hm²，比2003年减少8.6%。除了在天津市、河北省、山东省和上海市有小幅面积增长外，江苏省、浙江省、福建省和广东省的互花米草面积均有所下降。江苏省互花米草面积减少了约1 554hm²，浙江省、福建省和广东省互花米草面积分别减少了约13.4%、15%和41%。

2005年后，全国大部分地区进入互花米草植被迅速扩散阶段。并且，随着互花米草成熟种子的数量越来越多，种子随潮汐和洋流向远距离呈跳跃式扩散。

在天津市，互花米草除了在原分布区扩散外，于2010年在子牙新河和北大港独流减河闸外均出现了新的互花米草斑块，新的植被斑块依赖根茎繁殖在滩涂迅速扩散，到2014年互花米草面积达到624hm²。

在山东省，2008年在胶州湾西南侧发现独立的互花米草斑块；2010年在山东东营市南海铺出现新的互花米草斑块；2010年—2014年，由于海岸侵蚀和贝壳滩的堆积作用，五号桩互花米草无明显扩散，仅在胶州湾内出现互花米草向光滩的大面积扩散。

2008年，江苏省新淮河口两侧及弶港等滩涂出现小斑块状互花米草，同时射阳河以南互花米草群落继续向光滩发展。在王港养殖区外，2005年—2008年互花米草斑块向外扩散约420m；在川东港滩涂，互花米草带于2008年—2010年向外扩散约650m。

在上海市，互花米草主要在原分布区大面积扩散。2008年的数据显示，互花米草在崇明北滩面积达到1 339hm²，形成密闭、单一的互花米草群落；在崇明东滩，原来在中低潮滩稀疏分布的互花米草植被斑块依赖走茎繁殖填补斑块间隙，形成郁闭的互花米草单优群落。在九段沙随着沙体的持续淤积，互花米草大面积增加，面积达到2 033hm²。之后，互花米草在崇明

第3章 互花米草在我国沿海滩涂的扩散过程和区域差异性研究

北滩继续占据芦苇生境,并向光滩大幅扩张,在崇明东滩大面积侵占海三棱藨草生境。在九段沙,随着下沙沙体宽度增大,互花米草在沙体中心快速向外侧扩散,2014年互花米草总面积达到9 548hm^2,比2005年面积增长了约97%。

(4) 2005年—2014年

2005年—2014年,互花米草群落在浙江省滩涂持续扩张。但在2008年后,随着台州湾、乐清湾、瓯江口、灵昆浅滩、飞云江口和苍南滩涂等区域互花米草盐沼大面积围垦,互花米草总面积略微下降。

在福建省,于2010年,在福清湾和兴化湾发现了新的互花米草斑块;三都湾、罗源湾、闽江口和泉州湾的互花米草一直处于缓慢扩张状态。

在广东省,无瓣海桑的强大竞争力使互花米草在淇澳岛大面积减少;在阳江都斛镇及海宴镇外滩涂,互花米草扩散缓慢,加之围垦的影响,2014年互花米草面积仅剩余198hm^2。

在广西壮族自治区,于2008年在营盘镇南康江、鹿塘村和三角村外侧出现少量互花米草,之后互花米草迅速扩散,2014年北海市互花米草总面积达到444hm^2,比2005年增加了约110%。

由于Landsat影像空间分辨率的限制,我们很难获取互花米草在辽宁和海南的扩散过程。借助Google Earth数据可以看出,在辽宁省,2013年在丹东鸭绿江口防潮堤外出现分散的互花米草斑块,2014年斑块数量增加,部分已连接成条带状;在葫芦岛市龙岗区牛营子村外滩涂,2013年出现小斑块状植被,2014年斑块数量有所增加,但仍未连接成片;在大连市庄河市新港附近滩涂,2009年有约15个近圆形互花米草斑块,斑块直径范围为1.5～22.3m,到2014年,斑块数量无变化,最大斑块直径增加到26.4hm^2,年均扩散距离达到0.82m。

3.3.2 互花米草扩散率的区域性差异及影响因素分析

（1）互花米草扩散率的区域性差异

单因素方差分析结果（图3.3）表明我国沿海滩涂不同纬度段的互花米草年扩散率差异显著（F8, 34=3.815，P=0.003），位于37°N~39°N纬度段的山东北部到天津地区互花米草年平均扩散率最高，达到了19.98%，天津北大港外滩涂互花米草年平均扩散率为31%，天津马棚口互花米草年平均扩散率为29%；35°N~37°N和31°N~33°N的植被扩散速度次之，其中，江苏省连云港赣榆滩涂和上海市九段沙滩涂互花米草年平均扩散率达到20%以上；在低纬地区，互花米草扩散速度显著降低，丹兜海互花米草年平均扩散率仅为0.05%。

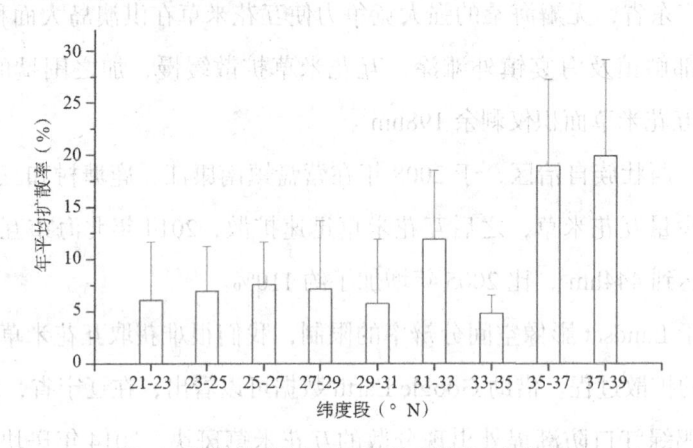

图3.3 互花米草年扩散率沿纬度梯度的比较分析

植被年平均扩散率与纬度的回归模拟结果（图3.4）显示，在我国沿海滩涂地区，互花米草年平均扩散率与纬度显著相关（R^2=0.34，P<0.001）。总体呈现，从我国南部到北部沿海互花米草年平均扩散率逐渐升高的趋势。

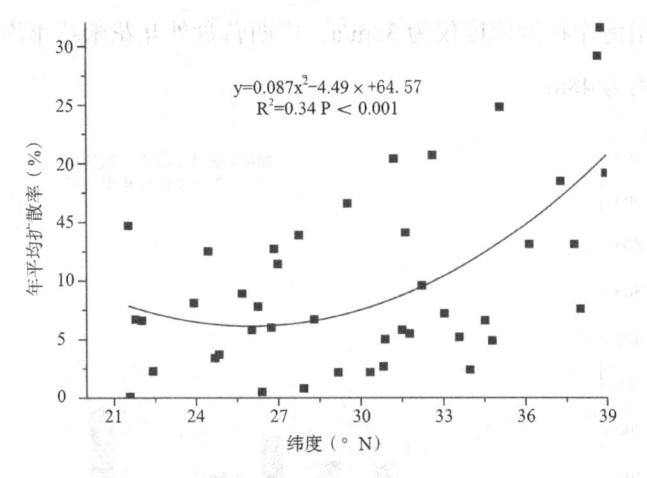

第3章 互花米草在我国沿海滩涂的扩散过程和区域差异性研究

图3.4 互花米草年扩散率与纬度的回归分析

本书统计结果表明，我国沿海滩涂互花米草垂直于海岸扩散速度的平均值为131m/a，平行于海岸扩散速度的平均值为294m/a，表明互花米草向海扩散速度总体小于平行于海岸的扩散速度。单因素方差分析结果（图3.5）表明，我国沿海滩涂不同纬度段互花米草斑块垂直于海岸的扩散速度存在显著差异（F8，34=2.381，P=0.037），在37°N~39°N纬度段，互花米草垂直于海岸扩散速度较大，达到256m/a，在低纬度区域（23°N~25°N和21°N~23°N），互花米草垂直于海岸扩散速度显著降低，漳江口互花米草向海扩散速度为30m/a，丹兜海扩散速度仅为25m/a，约为天津北塘口向海扩散速度的1/10。图3.6表明，互花米草垂直于海岸扩散速度呈现从南到北增加的趋势。方差分析结果显示，不同地区互花米草平行于海岸的扩散速度差异不显著（F8，34=1.728，P=0.127）。从图3.8中可看出，位于江苏省盐城、上海市和浙江省杭州湾滩涂（29°N~33°N），以及山东省北部和天津地区（35°N~39°N）的互花米草平行于海岸扩散速度相对较高，互花米草在天津市北塘口平行于海岸的扩散速度达到795m/a，在上海南汇边滩植被的扩散速度也达到773m/a。在广东地区和广西地区（21°N~23°N），互花米草平行于海岸扩散速度较低，广东台山市镇海湾互花米草沿海岸扩散速度仅为 38m/a，广西营盘外互花米草年均平行于海岸扩散距离为 48m。

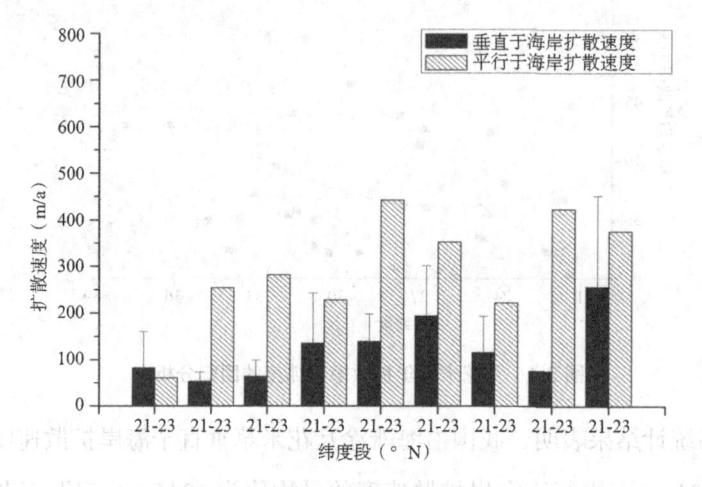

图 3.5 互花米草距离扩散速度沿纬度梯度的比较分析

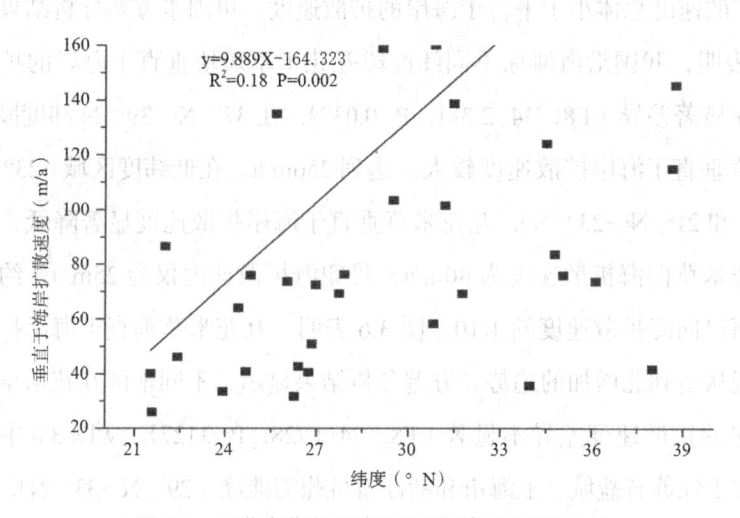

图 3.6 互花米草距离扩散速度与纬度的回归分析

$y=9.889X-164.323$
$R^2=0.18$ $P=0.002$

（2）互花米草扩散过程区域差异的影响因素分析

通过统计 726 个 SODA 数据样点海水温度数据可得出，我国沿海多年平均海水温度范围为 10.42℃～28.26℃，南方海水温度总体高于北部。

第3章 互花米草在我国沿海滩涂的扩散过程和区域差异性研究

从图 3.7 回归模拟结果可看出，互花米草年平均扩散率与海水温度呈显著相关（$R^2=0.22$，$P<0.01$），我国北方地区互花米草面积增长速度大于中部和南部地区；互花米草向海扩散速度和沿海岸线扩散速度均与海水温度呈现显著负相关（$R^2=0.257$，$P=0.001$；$R^2=0.136$，$P=0.009$），呈现随海水温度升高，扩散速度减慢的趋势（图 3.8）。

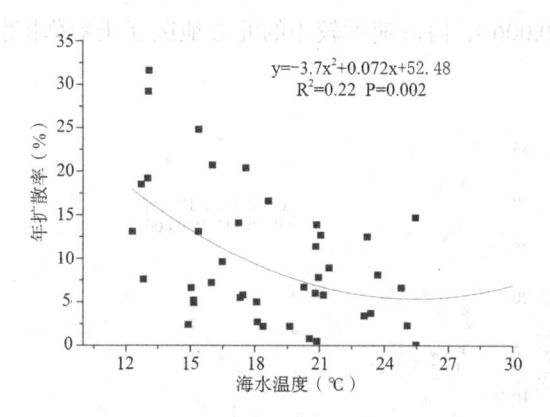

图 3.7 互花米草年扩散率与海水温度的回归分析

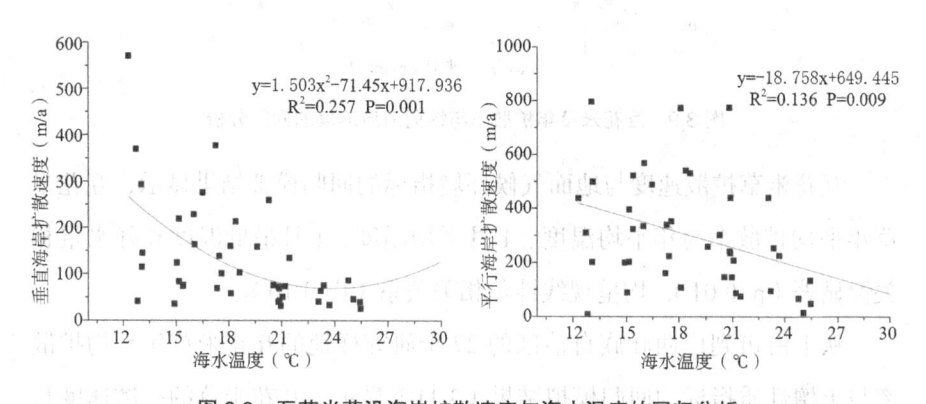

图 3.8 互花米草沿海岸扩散速度与海水温度的回归分析

统计 726 个 SODA 数据样点海水盐度数据可得出，我国沿海多年平均海水盐度范围为 29.6～34.8ppt，我国南方海水盐度总体要高于中部和北部地区，其中，浙江和江苏一带海水盐度最低。海水盐度与 3 个互花米草扩散速度指标的相关性分析结果说明，互花米草的扩散速度与海水盐度的相关性不显著（P>0.05）。

除广东和台湾岛东侧海流速度稍高外，其他沿海区域海流速度差异较小，北方地区纬向海流速度总体低于南方地区。回归分析结果表明（图3.9），互花米草年平均扩散率与纬向海流速度呈显著的负相关关系（R^2=0.147，P=0.006），海流速度较小的北方地区互花米草扩散快，这与之前的结论一致。

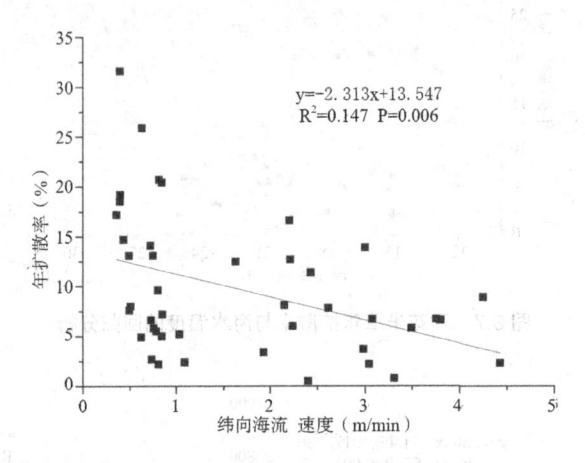

图3.9 互花米草年扩散率与纬向海流速度的回归分析

互花米草扩散速度与地面气候环境指标的回归模拟结果显示，互花米草年平均扩散率与年平均温度、1月平均温度、1月最低温度和降水量相关性显著（p<0.01），均呈现线性负相关关系（图3.10）。

从上海市到广西壮族自治区的27个研究样地的互花米草年平均扩散率与土壤性质指标的回归模拟结果（3.11）显示，互花米草的扩散速度与生境土壤中总N含量关系非常显著（p=0.004），与生境土壤中总C含量关系显著（p=0.015），整体呈现随总N和总C含量的增加，互花米草扩散速率增加的趋势，但互花米草扩散速度与土壤pH值、电导率（盐度）和总P关系不显著。

第3章 互花米草在我国沿海滩涂的扩散过程和区域差异性研究

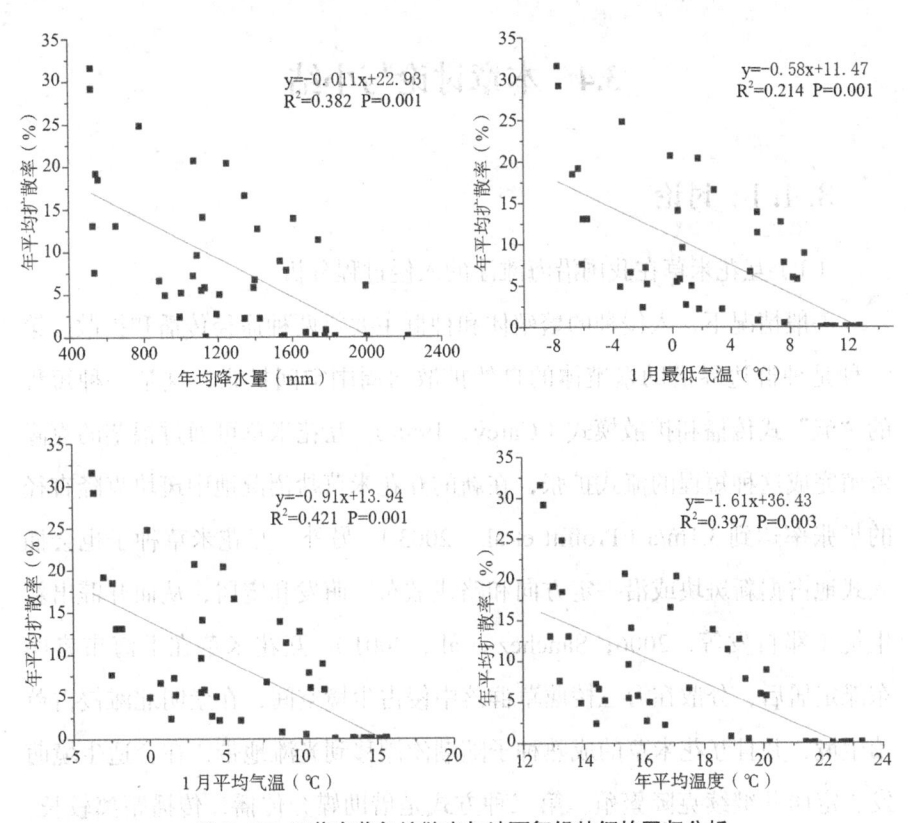

图 3.10 互花米草年扩散率与地面气候特征的回归分析

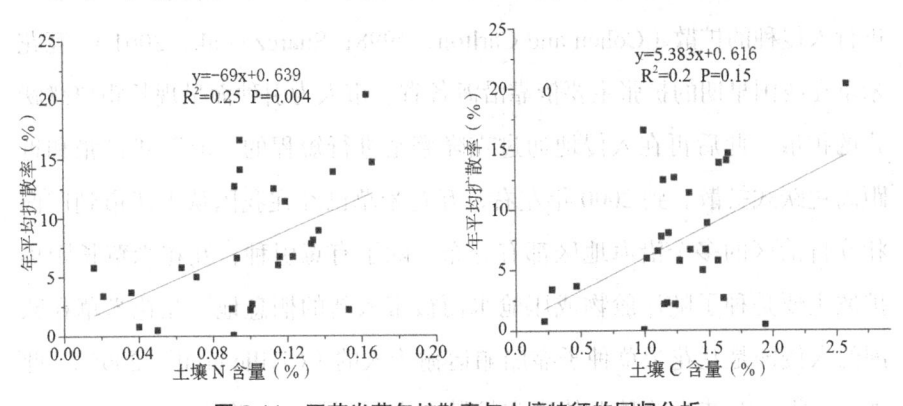

图 3.11 互花米草年扩散率与土壤特征的回归分析

3.4 本章讨论与小结

3.4.1 讨论

（1）互花米草在我国沿海滩涂的入侵过程分析

一般情况下，入侵种的繁殖体和种群主要靠两种途径传播和扩散。第一种是种群边界借助繁殖体的自然扩散向周围空间扩张，这是一种短程的"流"式传播和扩散模式（Carey，1996）。互花米草可通过根茎的克隆繁殖完成这种短程的流式扩张，在新的互花米草盐沼湿地中斑块克隆直径的扩张率达到 3.1m/a（Proffitt et al.，2003）。另外，互花米草种子也会插入式地占据新斑块或沿一定方向和路线散布、萌发和定居，从而开辟出新生境（邓自发等，2006；Sanchez et al.，2001）。互花米草在上海市崇明东滩定居后，分散在海三棱藨草群落中侵占生境空间，在崇明北滩侵占芦苇生境，并且互花米草的成熟种子随潮汐漂移到光滩地带，在合适生境萌发、定居并继续克隆繁殖。第二种方式是借助媒介传播，传播距离较长，扩散呈跳跃式或散点式，互花米草主要是借助水、风、动物或人类活动等进行入侵种的扩散（Cohen and Carlton，1998；Suarez et al.，2001）。互花米草在我国早期的扩张主要依靠沿海各省、市人为引种而呈现长距离跳跃式的扩散，此后再在入侵地通过克隆繁殖进行短程的"流"式扩张和近距离跳跃式扩散。到 2000 年左右，互花米草已经在我国从天津市到广西壮族自治区的多个沿海地区都有分布。除了有意引种，互花米草长距离扩散主要是种子随压舱物或压舱水而被带入新的栖息地。互花米草在欧洲的入侵即是互花米草种子靠船舶运输传入的（Civille et al.，2005）。此外，鸟类在互花米草种群传播和扩散中也起到了一定作用（Vivian-Smith et al.，1994）。非生物扩散主要靠河流和海流远距离传播，海流传播主要是种子随水体的表面而非沉积物移动，种子最终的定居点取决于风速和潮

第3章 互花米草在我国沿海滩涂的扩散过程和区域差异性研究

流的方向。互花米草种子随海水传播和定居为互花米草进一步扩散打下基础（Ayres et al.，2004）。据野外调研可知，我国广西壮族自治区营盘镇外侧互花米草是由台风带来的种子传入的，在唐山陡河口发现的互花米草新斑块可能与河口繁荣的海产品运输业有关。另外，洋流可能是影响我国互花米草远距离扩散的一个重要因素。黄海沿岸流秋冬季在我国沿海从北到南跨度较大，本书推测，于2000年左右在青岛胶州湾内出现的互花米草可能是黄河三角洲或莱州湾的互花米草种子随黄海沿岸流扩散而来的；于2008年在福清湾和莆田兴化湾发现的互花米草也可能与经过的黄海沿岸流有关；于2013年在广东徐闻县发现的互花米草也可能是雷州湾的互花米草种子随洋流自然漂移扩散而来的。但很多区域的互花米草传入方式还有待进一步研究，如于2004年在南非Great Brak河口发现的互花米草，及在我国辽宁大连庄河市外和海南儋州湾发现的互花米草是如何扩散来的还不得而知。

从互花米草在我国的空间分布动态可看出，互花米草在我国沿海滩涂的入侵可分为四个阶段：1980年—1990年的试栽期，1990年—2003年的迅速扩散期，2003年—2005年的面积下降期和2005年—2014年的缓慢扩散期。互花米草在我国整个沿海滩涂大尺度的阶段性扩散特征与多项区域尺度的研究结果一致，如在我国江苏滩涂（沈永明等，2002），互花米草在光滩上的扩散过程分为：引入期，逐渐适应本地气候、归化为本地种的定植期和种群大规模扩张的扩散期。在我国浙江省乐清湾（Wang et al.，2015），互花米草经过一段缓慢扩散期（1993年—1999）后，于1999年进入群落快速扩散期。在这一时期，互花米草几乎占据了红树林和养殖区外的所有裸滩涂。但是2003年后，互花米草扩散速度减缓，年平均扩散率仅为15%，并在有些地区出现了面积的减少。但这研究结果与部分区域的互花米草扩散过程存在不一致。例如，1945年—2000年互花米草在美国太平洋沿岸呈现面积线性增长的稳定性扩散特征，年平均扩散率为

12.23%（Civille et al., 2005）。在我国九段沙，互花米草植被在1997年—2008年表现出指数型群落扩张模型（Huang et al., 2007）。研究区域空间和时间尺度的差异可能是造成研究结果不同的重要因素。

　　1990年前，全国大部分省市开展了互花米草的小规模试种；在1990年之后，各地开始大面积推广种植互花米草，因此，1990年前的影像上很难看出大片互花米草的分布。在1990年后，经过短期的环境适应期，互花米草开始依赖根茎繁殖占据更多生境空间并迅速扩散。在1990年—2003年，互花米草年平均扩散率达到20.4%，主要在江苏省、上海市、浙江省和福建省海岸大规模扩散，其中，在江苏省年互花米草平均扩散率达到89.6%，在浙江省达到123%。大面积的人工引种避免了互花米草在入侵初期可能产生的Allee效应，大幅缩短了互花米草入侵的时滞（Wang et al., 2006）。在崇明东滩，互花米草引种2~3年后就进入了迅速扩散期。互花米草在我国大部分地区是基于潮滩空生态位引进的，充足的生长空间和适宜的气候条件缩短了互花米草定居和滞缓期所需要的时间，种群数量迅速增加并形成优势群落。在扩散初期，互花米草主要依靠根茎的营养繁殖向四周扩张种群，分散的互花米草斑块逐渐连成连续片状。另外，互花米草种子随潮汐向光滩扩散，继续占据裸滩空间，部分互花米草种子随海流进行近距离跳跃式扩散。遥感影像分析：1990年—1995年，江苏省连云港临洪河口互花米草斑块沿海州湾向北扩散约4km，形成新的互花米草群落。2000年，在舟山鱼龙港出现的分散互花米草斑块，据推测是由杭州湾南岸被海洋运输或潮流带来的互花米草种子定居扩散而来的。互花米草适应环境后表现出较强的竞争力，占据入侵地植物的大面积生境，这也是互花米草迅速扩散的重要原因。在上海市崇明东滩北岸，长江来水的减少导致河口盐度增加，提高了互花米草的竞争优势，互花米草快速侵占芦苇的生存空间，造成芦苇大面积减少，互花米草的面积从2000年到2003年增加了近5倍。并且，Chen et al.（2004）发现，在长江口的互花

第3章 互花米草在我国沿海滩涂的扩散过程和区域差异性研究

米草与海三棱藨草相比有明显的竞争优势,导致互花米草在海三棱藨草群落中种植后大肆扩散,海三棱藨草迅速退化。此外,滩涂的淤积也为互花米草的扩散提供了有利条件,1997年—2000年,长江口深水航道南导堤工程实施,将江亚南沙和九段沙连成一体,使九段沙0m等深线面积净增26.6km², 2m等深线包围滩涂面积达236.4km²(恽才兴,2010),滩涂的淤积促使互花米草的面积从2000年—2003年增加了5倍多。

2003年—2005年,互花米草面积减少了约12.7%。互花米草具有促淤作用,大面积互花米草盐沼分布区逐渐开发为养殖区、工业区或港口,这是导致该时期植被面积减少的一个主要因素。2000年以来,江苏省海安市实施了大规模围垦计划,围垦下界已从原来的平均大潮高潮线迁移到米草滩外缘,互花米草盐沼已成为江苏海安滩涂围垦的主要对象。2005年,盐城南部互花米草盐沼被大面积开发为养殖区,造成该地区互花米草面积减少约2 600hm²。上海南汇边滩临海工程的实施导致堤外植被所剩无几,约2 000hm²互花米草植被分布区被圈围。随着水体逐渐向淡水过渡,互花米草群落逐渐向淡水植物群落演替。大范围的围垦使互花米草种群面积减小,进而降低了种子产量,不利于互花米草的扩散。

2005年后,互花米草的面积逐渐增大,但增长速度缓慢。互花米草的扩散率可能受到潮滩高程,即潮位的限制更为明显,我国互花米草合适的潮滩高程为1.5~2.5m。在迅速扩散阶段,原有的滩涂高程比较适宜互花米草的生长。而在潮间带合适生态位被占满后,互花米草只有靠自己的根系来网络沉积物,从而使光滩高程升高,争取到更多的生长空间。因此,2005年后,互花米草种群的扩散率与滩涂自然淤涨的速率相对应,但存在一个滞后效应,这种现象出现在其他入侵地(Civille et al.; 2005, An et al., 2016)。朱冬等(2014)对江苏省中部互花米草扩散率的研究表明,如果围垦时保留足够宽度的互花米草,则围垦就可提高互花米草的扩散率。这主要是因为滩涂围垦会改变堤外潮滩的沉积环境,堤前潮流在向岸的推进过程中受海堤的阻挡会产生反射干扰，使流速降低，导致细颗粒沉积物大量沉降，为互花米草的种子埋藏、萌发和生长创造了有利的地形和沉积条件。因此，互花米草在此阶段稳定的扩散也可能跟围垦后滩涂的持续、快速淤积有关。

（2）互花米草扩散率区域差异和影响因素分析

从本书的研究结果中可看出我国沿海互花米草年平均面积增长率呈现北部较高，而中低纬度较低的趋势，垂直于海岸的扩散速度也呈现随纬度升高而加快的趋势，说明我国北方互花米草的扩散速度总体大于南方地区。美国威拉帕海湾和旧金山湾的研究表明，大面积互花米草种群的建立和扩散主要依靠种子的繁殖和传播，种子的传播是互花米草种群扩散的最主要途径（Daehler and Strong，1996；Davis et al.，2004；Xiao et al.，2010）。Liu 等（2016）对我国沿海滩涂的互花米草研究表明，随着纬度的增高，互花米草单位面积的种子数量呈现逐渐增多的趋势。此外，研究表明，互花米草的种子于秋末成熟脱落后保持休眠状态到第二年春天，一般需要浸泡 6 周后才具有萌发力，而浸泡在 2℃～4℃的海水中 3 个月后，种子萌发力达到最大（邓自发等，2006）。并且，在变温条件下，互花米草种子萌发速度加快，萌发整齐（徐国万等，1985）。这些因素可能也是导致我国北方互花米草种子萌发能力较强的原因之一。

Xiao 等（2009）在上海市崇明东滩的研究表明，崇明东滩互花米草的种子产量和种子活性较高，种子较强的漂浮力和与水文条件相适应的特征是互花米草在崇明东滩成功定居和扩散的主要原因。互花米草的无性繁殖主要是为了增加种群密度，对种群局部扩展意义较大，有性繁殖是互花米草主要的向外扩展方式，因此，互花米草的扩散速度主要取决于种子产量和种子萌发率（朱冬等，2014）。天津市滨海滩涂的互花米草于 8 月中旬至 10 月下旬进行有性繁殖。种子较高的萌发能力和对盐浓度的耐受性，是互花米草在北方地区快速扩散的机制之一（苑泽宁等，2008）。总之，

第3章 互花米草在我国沿海滩涂的扩散过程和区域差异性研究

产生的大量种子为互花米草种群的快速扩张提供了动力。而在我国南方地区，温度较高，且在种子萌发期温度变化不显著，这可能是造成互花米草种子量较低的原因。

另外，在广东地区滩涂围垦严重，养殖区外滩涂宽度较窄，海拔较低，限制了互花米草种子的成功定居和扩散。在广西地区，互花米草大部分生长在红树林外缘，高大的红树林争夺滩涂资源，红树林较强的竞争力也大大限制了互花米草的扩散。

赵相健等（2015）的研究表明，在我国沿海滩涂互花米草生长特征的变化规律与纬度密切相关，种群密度呈现中纬度低，而高纬度和低纬度地区较高的趋势，说明在我国北方地区，互花米草不但种子繁殖繁盛，根茎营养繁殖速度也较快。有性繁殖是保证互花米草进入新生境实现种群空间拓展的重要途径，而无性繁殖可有效地保障互花米草种群的维持和更新。在新西兰，互花米草种植50年都没有开花，种群的扩散完全依靠根茎的无性繁殖。相互隔离的互花米草斑块通过根状茎的克隆扩大分布并最终连成片（Davis et al., 2004）。从在南非Great Brak河口于2004年发现互花米草以来，互花米草一直靠营养繁殖进行扩散，年平均扩散速度达到203%，平均每年增加的互花米草面积约0.16hm^2（Adams et al., 2016）。在我国福建省，罗源湾分株移栽的互花米草单株经过1年后可增加千株以上新个体，克隆斑块向四周扩散的直径可达到2m，4年后直径可达19m（Chung et al., 2004）。因此，互花米草在凭借有性繁殖产生大量种子扩散定居的同时，根状茎也通过较强的分蘖能力来扩大种群，为种群的扩散和爆发提供了可能。

帕吉特（Padgett）和布朗（Brown）（1999）的互花米草营养繁殖的研究表明，互花米草的根状茎长度和营养繁殖系数受基质有机质含量的影响。在高有机质状态下，一个生长季每个互花米草的实生苗最多可通过营养繁殖产生14个新枝，从实生苗形成的根状茎4cm长就能产生一个新枝。

Liu 等（2016）的全国互花米草的野外调查表明，天津地区的有机碳含量达到 1.72±0.01%，除了比浙江省云霄地区的土壤有机碳含量稍低外，高于我国其他地区；连云港地区土壤有机碳含量为 0.94±0.09%，这也可解释我国沿海滩涂垂直于海岸的扩散速度在天津地区相对较高，而在连云港地区（35°N～37°N）稍低的现象。

互花米草平行于海岸的扩散速度受到海流、风速等多种不确定因素的影响，在我国沿海滩涂也表现出无明显的规律现象。此外，Liu 等（2016）的研究表明，从我国不同地区搜集的互花米草种子在同质园实验里仍保存有遗传差异，呈现随所在纬度升高，种子量增加的趋势，说明我国南方和北方的互花米草种子有可能存在基因的变异，进而影响了不同地区的互花米草扩散率。另外，我国北方地区大部分处于互花米草入侵的初期，丰富的滩涂资源、适宜的滩涂高程为互花米草的快速扩散提供了有利条件。因此，虽然我国北部地区互花米草植被面积不是很大，但互花米草的入侵潜力较大，风险较高，应加强对于互花米草的植被的动态监测和管理。

从互花米草扩散率与三项海洋环境因子的相关性分析可得出，互花米草的扩散速度可能受到海水温度和海流速度的影响，与海水盐度相关性不大。这可能是由于互花米草的种子萌发率会受到海水温度的影响（邓自发等，2006），进而造成在我国北方互花米草种子产量较高，扩散速度较快。我国北方海流速度总体上低于南方地区。祝振昌（2011）对崇明东滩不同潮间带互花米草种子的萌发率研究结果表明，中潮带区域由于受到适度的海水干扰，有利于互花米草植株的更新和营养物质补充，进而促进互花米草的生长和繁殖，互花米草的种子产量较高。而低潮带区域，受到高频度和高强度的潮水干扰，互花米草的种子繁殖过程受到抑制，导致互花米草的种子产量和萌发能力均降低。由此可见，海流速度通过影响互花米草的种子量，进而对互花米草的扩散速度造成影响，并且较低的海流速度能够促进潮滩的淤积，有助于互花米草种子和实生苗扎根生长，因此，在我国

第3章　互花米草在我国沿海滩涂的扩散过程和区域差异性研究

表现出在海流速度较小的区域互花米草扩散速度较快的规律。而多项研究表明，互花米草具有较强的耐盐能力，耐盐范围可达到10~60ppt（钦佩等，1985a），并且纬度的变异对其耐盐能力没有影响（Pennings et al., 2003），本研究区盐度为29~34ppt，均在互花米草的盐度耐受范围之内，因此，呈现出本研究区内，互花米草的扩散率与土壤盐度关系不显著的规律。

研究结果显示，互花米草扩散速度与年平均温度、1月平均温度、1月最低温度和降水量有显著相关性，均呈现负相关关系。而之前的研究表明互花米草的株高、基茎和单位面积生物量均呈现随纬度升高先增加后减少的趋势，与年平均温度也呈现正相关关系（Liu et al., 2015, 赵相健等, 2015），说明互花米草的生长特性与扩散特性存在不一致的规律，但由于这些变量均与纬度有关，很难判断哪一种因素与互花米草的扩散率相关性最大。

本书研究结果显示，互花米草扩散率受到土壤中N含量和C含量的影响，随着土壤中N含量和C含量的增加，扩散速度加快。在原产地也发现，互花米草的生长受到土壤营养物质的影响。Liu等（2015）的研究发现，互花米草的种子产量与土壤中N含量是呈正相关的。此外，互花米草根状茎的长度和营养繁殖能力均受到生境中土壤有机质的影响，高有机质土壤条件能促进根茎的生长，加快根茎的繁殖速度，进而扩大植株的生长空间。研究结果发现，互花米草的生长与土壤pH值的大小关系不大。西班牙的相关研究也发现，pH值在6~8范围内，对互花米草的生长没有显著影响（Nievaa, 2001）。另外，研究发现，土壤中P含量对互花米草的扩散速度没有造成显著影响，统计各样地土壤总P的含量发现，样地间该值的差异较小，除了个别地区出现较低值（230mg/kg）外，大部分地区总P含量的值为650~750mg/kg。因此，互花米草扩散速度跟土壤中P含量关系不显著，可能与研究区各样地的土壤总P含量差异较小有关系。因此，我国河口富营养化程度越来越高，将会加重互花米草在沿海滩涂的入侵，加强河口的环境监测和管理是十分必要的。

3.4.2 本章主要结论

①互花米草在我国引种以来，总体呈现二次多项式增长模式，年均增长率达到11.6%。除了广东省外，其他省区市的互花米草均呈现面积增长模式。互花米草在我国的入侵过程可分为4个阶段：1980年—1990年的试栽和缓慢扩散期，1990年—2003年的快速扩散期，2003年—2005年的扩散减速期和2005年—2014年的稳定扩散期。

②互花米草在我国沿海不同区域扩散率差异较大（0.08%～31%），总体呈现随纬度升高扩散率增加的趋势，互花米草种子数量的差异应是造成植被扩散率差异的主要因素。互花米草垂直于海岸的年平均扩散速度约为256m/a，但区域间差异较大（25～571m/a），也呈现随纬度升高而加快的规律；互花米草平行于海岸的扩散速度平均为294m/a，地区间差异也较大（9～795m/a），但没有明显的区域规律。

③互花米草扩散率与海水温度和海流速度相关性显著，呈现随海水温度升高和海流速度的降低而增加的趋势，但扩散速度与海水盐度关系不显著。互花米草的扩散率与年平均气温、1月平均温度、1月最低平均温度和年均降水量关系显著。此外，互花米草的扩散速度受到土壤中N和C的影响，呈现随土壤N和C含量的增加而增加的规律，但与土壤pH值、土壤电导率和土壤P值关系不显著。

第4章 互花米草在我国滨海滩涂的扩散趋势预测

互花米草在我国滩涂种植几十年来，依靠强大的繁殖力和适应能力扩散迅速。2014年的遥感统计结果显示我国沿海滩涂互花米草总面积达到55 468hm²，是1990年分布总面积的14倍多。从互花米草在我国的扩散过程和趋势分析可得知，随着互花米草种子的远距离迁移，互花米草已经扩散到我国北到辽宁鸭绿江口、南到海南岛北部的区域，说明互花米草在我国海岸仍具有较大的入侵潜力和扩散空间。因为入侵种一旦成功定植后，要彻底铲除非常困难，所以早期发现和预警对于管理外来入侵种来说非常重要（Daehler and Strong, 1996）。因此，借助互花米草现有分布情况，来获取其在我国沿海的更多潜在分布区域，预测其未来的扩散趋势是十分必要的，对加强防控具有重要的理论指导意义。

4.1 生态位模型概述

4.1.1 物种分布与生态位

物种的分布受到多种因素的影响，主要包括以下四类（Soberón and Peterson，2005）：第一，非生物因素，包括气候、土壤地质条件等影响物种生理特性的各种因子，这些因素特别是气候因素主要在大尺度上影响物种的分布，很大程度上决定了物种的分布范围和宏观格局，包括生理耐受范围、物种对气候和小生境梯度的响应和选择等。第二，物种间的相互作用，有些是对物种生存有利的（如互利共生），有些是不利的（如竞争和取食）。这些影响因子主要在小尺度下共同作用于物种分布，在较大尺度下，物种间的相互作用被弱化，变得不明显（Mackey and Lindenmayer，2001；Guisan and Thuiller，2005；Hortal et al.，2010）。第三，该地区是否是处在物种的迁移能力范围之内，这取决于物种的迁移能力和地理区域的特征。Hortal等（2010）将物种的迁移能力分为生物地理因素和物种的存在动态因素两类，前者是指物种的生物地理分布区和地理隔离因素等，主要在大尺度下影响物种的分布；后者是指物种的种群扩张、短距离迁移和区域性的干扰因素等，主要在相对小尺度下影响物种的分布。第四，物种对新环境的适应能力，是指物种到达新环境后，通过改变自身特性来适应新环境的能力。

  入侵物种在不同环境下一般会表现出明显的表型差异。一般情况下，在较短的历史时期内，物种的生态位是保守的，进化相对较小（Peterson，2011）。图4.1显示了这4类要素在不同的空间距离下以不同的机制作用于物种的分布（Hortal et al.，2010）。

空间距离 因子	全球 Global $>10^7$m	大陆 Continental $10^7 \sim 2 \times 10^6$m	地区 Regional $2 \times 10^6 \sim 2 \times 10^5$m	景观 Landscape $2 \times 10^3 \sim 10^4$m	地方 Local $10^4 \sim 10^3$m	位置 Site $10^3 \sim 10^1$m	地点 Point $<10^1$m
非生物因素 Scenopoetic		气候 Climate					
				地势 Topography			
					土地利用 Land-use		
					土壤类型 Soil type		
生物因素 Binomic							
生物地理 Biogeographic							
存在动态因素 Occupancy dynamics							

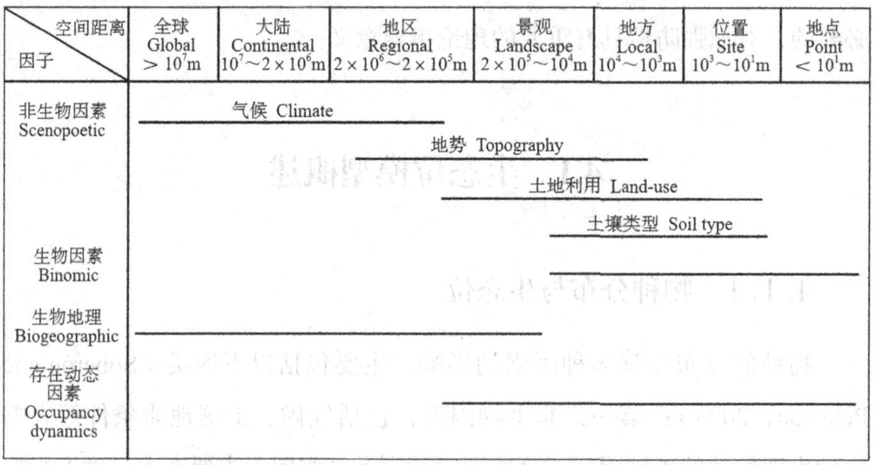

图4.1 不同因素在不同空间尺度下影响物种的分布（源于朱耿平等，2013）

生态位是生态学中最基本的概念，生态位的概念表述不一，Hutchinson（1957）提出的多维超体积（n-dimensional hypervolume）生态模型比较具有代表性。他认为，生物在生长环境中受多个资源环境因素的限制，每个因素对物种的生长都有一个适合的阈值，在所有这些适合阈值限定的空间区域内任何一点所构成的资源环境组合状态中，该物种均可生存，所有这些状态组合点共同构成了该物种在该环境中的多维超体积生态位。他还提出了基础生态位和实际生态位的概念。基础生态位是关于物种生理特征和生态环境限制因子的函数，物种的个体生理需求构成了它的基础生态位，即为物种生存的必需条件与多种环境因素的交集。虽然理论上适合某一物种生存的区域可能存在很多，但由于一些地理、历史或人为因素等现实原因限制了该物种分布于所有适合其生存的区域，从而降低了其生态位，这种被降低的生态位称为物种的实际生态位。

4.1.2 生态位模型构建及应用

广义生态位模型的构建包括两种原理：一是直接的机理性方法，即基于物种对环境耐受性的生理参数来判断物种的潜在分布区域；二是间接的相关性方法，即基于物种分布点所关联的环境参数来推算物种的分布（Pearson，2007）。当使用第一种方法时，搜集模型所要求的物种生理参数是一项繁重的任务，并且可能会出现因概括不完整而产生偏差的问题。随着全球性物种分布数据库的共享及 GIS 技术的快速发展，基于间接相关性方法的生态位模型就产生了（McCormack et al.，2010）。生态位模型就是利用物种已知分布数据和相关环境变量，根据一定算法运算来构建模型，归纳或模拟物种的生态需求，并将计算结果投射到不同的时间和空间中，以预测物种的潜在分布。国内外学者对于生态位模型反映的是基础生态位还是实际生态位存在一定分歧，部分学者认为生态位模型模拟的是物种的基础生态位，因为在模型预测过程中，一般只依据非生物因素来分析物种的生态位需求，并没有考虑生物因素的影响。而大多数学者认为生态位模型是根据物种的实际分布点来分析的物种生态位，这种生态位已经包括了生物因素（如竞争、寄生和取食等）的影响，因此生态位模型反映的即是物种的实际生态位（Guisan and Zimmermann，2000；Soberón and Peterson，2005）。

生态位模型构建有3个前提条件（Peterson et al.，2011）：第一，物种的生态需求和分布处于平衡状态，是指在一段历史时期内，物种的分布处于饱和状态，即在所有适合某一物种分布的地方，该物种均有分布。第二，物种的迁移能力是无限的。这个条件仅强调物种的迁移能力，忽略了现实环境中物种间的相互作用和地理阻隔的作用，会影响模型的预测能力。第三，物种的生态位是保守的。这是生态位模型构建的最重要前提。生态位保守是指在一段历史时期内物种的生态位是不变的，只有保证物种的生态位是保守的，构建后的模型映射到另一个地理或时空里时才具有合理性。

已开发的生态位模型有20多种，每个模型具有不同的理论基础、数据需求和分析方式。常用的生态位模型有基于遗传算法的规则组合（The Genetic Algorithm for Rule-Set Prediction，GARP）模型和最大熵模型（Maximum entropy model，MaxEnt）模型等。GARP模型是一种预设规则的遗传算法，借用生物遗传学观点，认为物种通过自然选择、遗传和变异等机制，提高了个体对环境的适应能力，体现了自然界物竞天择、适者生存的物种进化过程。模型利用物种的已知分布数据和相关环境变量数据来模拟物种的生态位需求，进而探索物种的潜在分布（David，1999）。信息的不确定性被定义为信息熵，信息熵最大时说明信息最不确定。MaxEnt模型认为，物种分布的样点数据应服从某一未知分布π，这个分布模式体现了生态位的概念。当我们只掌握了关于物种未知分布区域的已知约束条件时，应选取符合这些已知约束条件，但熵值最大的概率分布模式

作为 π 的近似。这是因为在已知部分经验知识（已知分布样点）的前提下，关于未知分布特征最合理的判断，即是符合已知知识并且最不确定的判断，任何其他的选择都意味着增加了假设或约束。MaxEnt 模型根据物种 GIS 中存储的现实分布点和分布区环境变量，构建预测模型，再利用预测模型模拟物种在目标空间里的潜在分布，结果输出为一张反映物种相对分布适宜度的专题地图（Guisan and Zimmermann，2000；Phillips et al.，2006；王运生，2007）。物种已知分布点数据和未知分布区环境变量是模型的主要参数（Phillips and Dudik，2008），选择较为合理的环境变量，模型的预测能力明显提高（Peterson and Nakazawa，2008；Zhu et al.，2012b）。

MaxEnt 模型创建于 2006 年（Phillips et al.，2006）。多项研究表明，相对于其他生态位模型，该模型不但具有良好的模型预测效果，而且具有良好的稳定性（王运生等，2007）。因此，自推出后，MaxEnt 模型在物种分布研究领域受到广泛应用（Elith et al.，2006），被用于蒙古栎、三叶海棠、棘小囊鼠、斑点沙蟒等物种的适宜分布研究（Anderson，2002；Iulian et al.，2009；杨俊仙等，2013；殷晓洁等，2013）。另外，MaxEnt 生态位模型近年来也开始用于入侵物种的潜在分布的研究，如加拿大一枝黄花、紫茎泽兰刺轴含羞草、黄顶菊和红火蚁（Morrison et al.，2005；Wang and Wang et al.，2006；曹向峰等，2010；雷军成等，2010；岳茂峰等，2013）等的分布区预测研究。

尽管互花米草在全球的入侵面积和范围逐渐扩大，但并没有关于互花米草的潜在分布区模拟研究成果。Zhu 等（2013）借助 MaxEnt 模型和 GARP 模型对互花米草在全球的潜在生境进行了预测，目的主要是研究不同的环境区范围对生态位模型转移能力的影响。我国互花米草分布区仅作为模型预测结果的评价数据，该研究并没有对我国互花米草的潜在分布区做精细的预测。由于互花米草的防治是一项极其耗时费力并且费用较大的工程，因此对互花米草潜在分布区的模拟对于未来的防控管理是非常必要的。本书利用我国已有的互花米草分布记录点，并结合沿海区域相关环境变量，借助MaxEnt模型工具对互花米草在我国的潜在分布区域进行预测。

4.2 数据获取和研究方法

4.2.1 物种分布点

充足的物种已有分布点是构建生态位模型的重要前提（Feeley and Silman，2011）。随着物种已知分布点数量的减少，模型的预测能力亦会下降（Wisz et al.，2008）。本书搜集的互花米草分布点主要来源于作者的文献积累，以及2014年和2015年的野外考察中获得互花米草记录点，共94个分布点数据，基本涵盖了我国已知互花米草分布区的所有记录，记录点坐标系为CGS_Beijing1954。借助Arcgis软件中的转换工具，把记录点数据格式转换为MaxEnt软件要求的CSV格式存储。

4.2.2 环境数据

（1）确定模型构建区域

生态位模型中模型构建区域的大小对模型预测能力的影响越来越引起研究者的重视（Anderson and Raza，2010；Acevedo et al.，2012；Owens et al.，2013）。当采用较大的地理区域构建预测模型时，种群大多处于不平衡的饱和状态，模型的转移能力得不到充分保证。反之，当采用较小的区域构建模型时，种群大多处于平衡状态，模型的转移能力可以保证（Anderson and Raza，2010；Barve et al.，2011）。Zhu等（2013）对基于沿海区域和覆盖整个分布点的方形区域进行互花米草潜在分布模拟时发现，前者的遗漏率明显低于后者，模型预测能力也相对较高，这是由于海岸带反映了互花米草的迁移能力的生理特征，并且符合它的地理分布范围（沿海潮间带）。因此，本书根据我国沿海 Landsat OLI 遥感影像，提取互花米草可能生长的沿海区域作为模型构建的范围，沿海带的提取方法已在第二章互花米草遥感分类一节中有详细介绍，原则即是根据不同岸线，确定海岸线以外的范围。

（2）环境变量的选择和处理

环境数据是构建生态位模型的主要材料之一。通常情况下，在相对较大的地理空间尺度下，物种的分布主要受气候因子的影响，每个气候因素对物种分布的影响不同（Walther et al., 2002; Pearson and Dawson et al., 2003; 朱耿平等, 2013），在选择环境变量时，优先考虑物种的生物学特性和影响物种生长的主要环境因素，可准确地模拟物种的分布，采用过多的环境变量构建模型时，会导致变量间的空间相关性增强，造成过度拟合，进而降低模型的转移能力；使用适度的环境变量可使模型的预测能力提高（Zhu et al., 2012b; Saupe et al., 2012），通常平均和极端环境变量对物种分布的影响相对较大（Zimmermann et al., 2009; Peterson and Nakazawa, 2008）。根据对互花米草生长和扩散过程中的影响因素分析及以往的研究成果，我们共选择了 11 个环境变量包括年均温度、1 月平均最低温度、7 月平均最高温度、年均降水量、年均日较差、年均海水温度、年最高海水温度、年最低海水温度、年均海水盐度、年均最高海水盐度和年均海流速度。其中，前 5 个地面气候环境变量数据来源于中国气象数据网覆盖我国滩涂区域共 285 个站点 1981 年—2010 年的累年平均数据，后 6 个海水环境变量数据来源于我国沿海 726 个样点的 SODA 海洋数据集 1978 年—2008 年的月平均数据。为保证和已有分布记录点数据坐标系一致，所有站点和样点数据坐标系均转为CGS_Beijing1954，借助ArcGIS中的克里金内插工具进行插值，插值空间分辨率统一为300m，利用裁剪工具裁出沿海带范围内的环境数据，并统一转为MaxEnt要求输入的ASC格式。

4.2.3 MaxEnt模型运行方法

MaxEnt模型运行需要两个数据集：一是物种地理分布数据，即互花米草在我国的分布点数据集，共96个记录点数据；二是模型构建区域内的环境数据，即本书选择出的11个环境变量数据集。

MaxEnt在运行时，首先把保存为CSV格式的记录点数据和ASC格式的环境变量数据都导入到软件中，最大迭代次数设置为500次，收敛阈值为1×10^{-5}，随机选择总数据集的75%作为训练子集训练模型，获取模型的相关参数，其余的25%数据作为测试子集用来验证模型，为选取能够提供最高预测准确性的环境图层，模型中采用了刀切法（Jackknife）检验。在模型运行的多次重复中，系统每省略一个环境参数，然后分析环境参数与遗漏误差之间的相关性来确定最优的环境参数。如果一个环境参数的存在与遗漏误差间是正相关关系，则表明该模型参数会降低模型预测的能力，该参数会在下一步的分析中被去掉（王瑞，2006）。最终可确定影响互花米草分布的主导因子和适宜范围，并生成互花米草适生指数图，数据输出为ASCII格式，利用ArcGIS的转换工具把结果转换为Raster格式显示。

结合模型的输出结果，并参考Zhu等（2013）对互花米草适生等级的划分，本书把互花米草的适生等级划分为4级，分别为不适宜区（适生指数小于0.05的区域），低度适生区（适生指数在0.05~0.25），中度适生区（适生指数在0.25~0.5），高度适生区（适生指数在0.5~1），利用ArcGIS的重分类（Reclassify）工具对生成的适生指数图进行分级划分，得到互花米草在我国滨海的适宜性分布等级图。

第4章 互花米草在我国滨海滩涂的扩散趋势预测

4.3 研究结果

4.3.1 模型适用性分析

MaxEnt生态位模型采用ROC曲线（受试者工作特征曲线，receiver operating characteristic curve）下的面积（AUC值）作为模型预测准确度的指标，AUC的取值范围为0～1，AUC值越大，模型的预测准确度越高（Hanley and Mcneil，1982）。表4.1描述了AUC值与模型准确度关系。

表4.1 ROC曲线面积与模型精度关系表

模型准确度（Model accuracy）	AUC
较差 Poor	0.5～0.6
一般 Fair	0.6～0.7
较准确 Good	0.7～0.8
很准确 Very good	0.8～0.9
极准确 Excellent	0.9～1.0

本书随机选择分布点总数据集的75%作为训练子集来训练模型，获取互花米草地理分布的模型，剩余25%用来验证模型，模型最后获得的ROC曲线如图4.2所示。

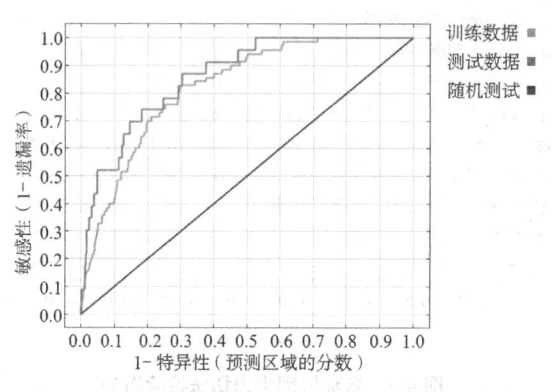

图4.2 互花米草潜在分布区模拟结果的ROC曲线

从图 4.3 可以看出，本书构建的互花米草适宜分布模型中训练子集和测试子集的 AUC 值分别达到了 0.824 和 0.863，均达到了"很准确"的水平，说明本书利用我国现有分布点记录和筛选的环境变量构建的生态位模型能较好地说明互花米草在我国沿海的适宜分布特征，可以为互花米草的扩散趋势预测提供基础理论依据。

4.3.2 影响互花米草分布的主导因素分析

图 4.3 展示了模型的环境参数刀切法检验结果图，图中纵轴表示各个环境变量，横轴表示各个环境变量的得分值，从图 4.3 中可看出对互花米草地理分布贡献率最高的前 4 个环境因子为年均海水温度、最低海水温度、年均气温和 1 月平均最低气温；其次为海水最高盐度和年均降水量，海水最高温度、海水平均盐度、年均日较差、7 月平均最高温度和海流速度对互花米草的地理分布影响较小。

此外，从图中也可看出，海水温度对互花米草地理分布的贡献率要大于大气温度，特别是极端海水温度对植被的分布影响较大。

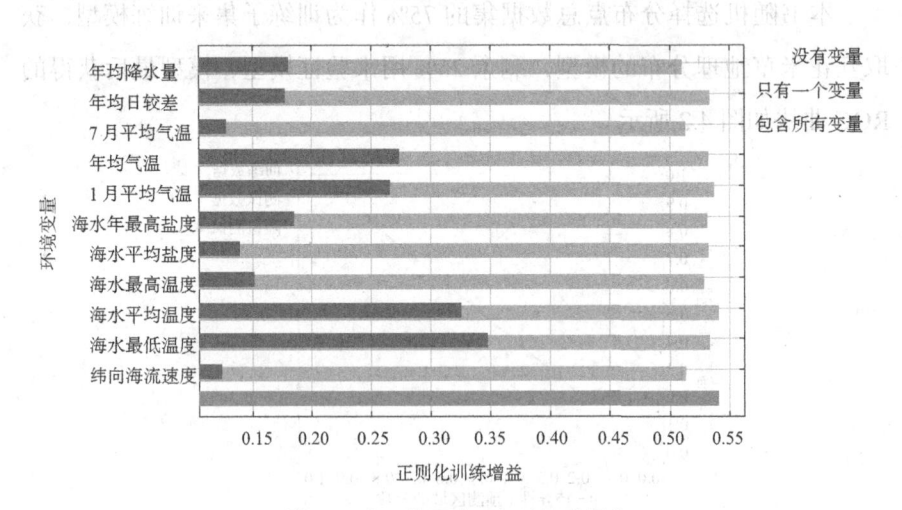

图 4.3　各环境因素刀切法检验得分

第 4 章 互花米草在我国滨海滩涂的扩散趋势预测

从年均海水温度与互花米草存在概率之间的曲线关系图（图 4.4）可以看出，随着年均海水温度的升高，互花米草存在概率先升高后降低。当年平均海水温度为 10.46℃～27.29℃时，互花米草存在概率较高；当年平均温度大于 27.29℃时，互花米草存在概率低于 10%。从最低海水温度与互花米草存在概率间的曲线关系图（图 4.4）可以看出，当年平均最低海水温度为 0.62℃～24.81℃时，互花米草存在概率较高；当年平均最低海水温度低于 0.62℃时，互花米草存在概率低于 20%；当年平均最低海水温度高于 24.81℃时，互花米草的存在概率大幅下降，低于 0.05。

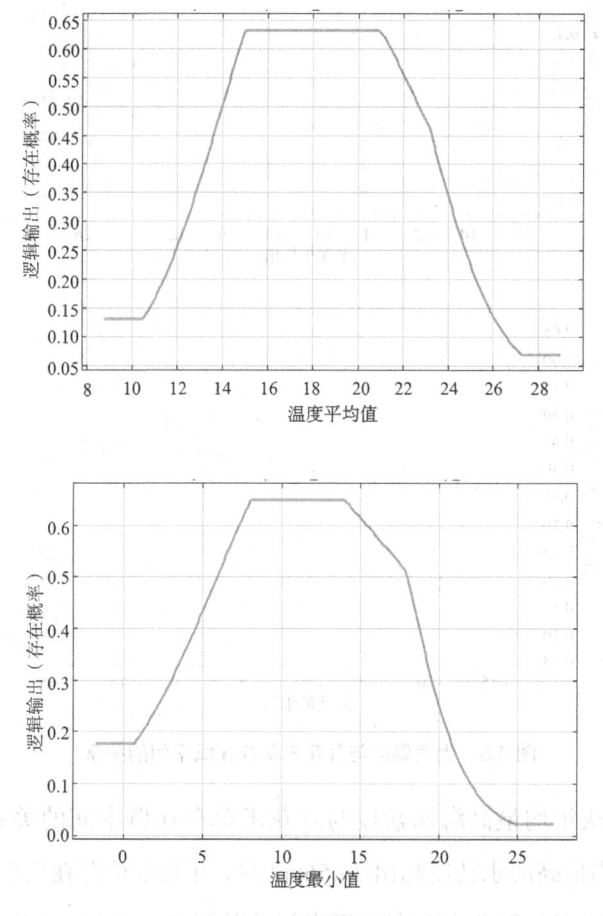

图 4.4 海水温度与互花米草存在概率间的关系

从图 4.5 可看出，当年平均温度大于 25.1℃时，互花米草存在概率低于 0.1。对 1 月最低气温与互花米草存在概率之间关系分析后发现，随着 1 月最低气温的升高，互花米草适宜分布概率先升高后降低，在 1 月最低气温高于 0℃时，互花米草适宜分布概率大幅下降，当气温高于 16.72℃时，互花米草存在概率仅为 0.07。

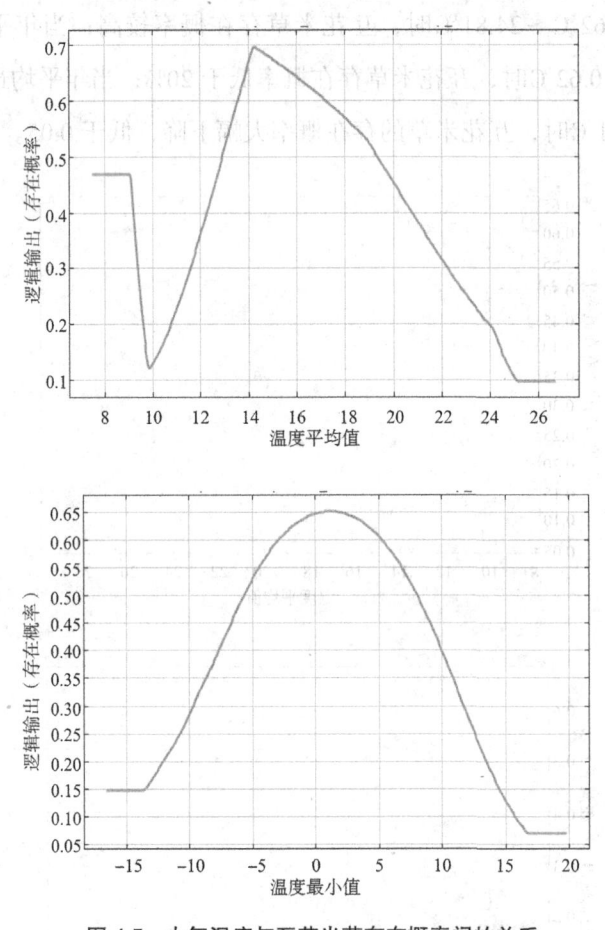

图 4.5　大气温度与互花米草存在概率间的关系

另外，从年均最高海水盐度与互花米草存在概率间的关系（图 4.6）可以看出，当最高海水盐度超出 34.56ppt 时，互花米草存在概率低于 0.05。从年均海流速度与互花米草存在概率间的关系（图 4.6）可以看出，互花

第 4 章 互花米草在我国滨海滩涂的扩散趋势预测

米草存在概率随着海流速度的增加呈减小的趋势，当纬向海流速度超出 0.13m/sec 时，互花米草存在概率低至 0.05；当平均海流速度达到 0.16m/sec 时，互花米草存在概率低至 0；当年平均日较差小于 3.9℃时，互花米草存在概率小于 0.1。

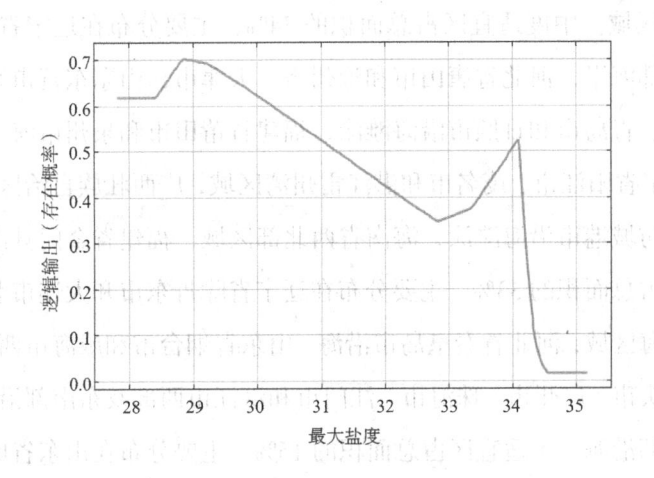

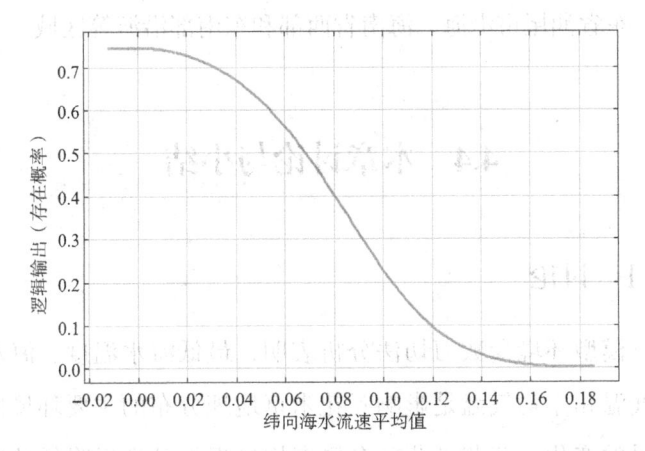

图 4.6 最高海水盐度及纬向海流速度与互花米草存在概率间的关系

4.3.3 基于 MaxEnt 的互花米草在我国滨海的适宜性分布

根据互花米草适宜指数等级标准，我们把滨海带划为：互花米草高度适宜区（0.5~1）、中度适宜区（0.25~0.5）低度适宜区（0.05~0.25）和不适宜区（0~0.05）。

从互花米草适宜分布研究区内来看，互花米草高度适宜区占总面积的18%，主要分布在江苏省，上海市，浙江省，福建省宁德市、福州市、漳州市滨海区域。中度适宜区占总面积的34%，主要分布在辽宁省丹东市、大连市北部海岸，河北省唐山市和沧州市，天津市，山东东营市和莱州湾沿海区域、青岛市和日照市沿海滩涂，福建省莆田市和泉州市海湾和海岸滩涂，广东省阳江市、茂名市和湛江雷州湾区域，广西壮族自治区北海市、钦州市和防城港市沿海滩涂，海南省西北部区域，福建省金门县沿海，低度适宜区占总面积的33%，主要分布在辽宁省除丹东市和大连市北部海岸的其他沿海区域，河北省秦皇岛市沿海，山东省烟台市和威海市西部沿海，广东省汕头市、广州市、珠海市、江门市和湛江市西部及东南部沿海滩涂，海南省北部沿海。不适宜区占总面积的15%，主要分布在山东省威海市东部沿海，广东省汕尾市沿海，海南省西部和东南部沿海等区域。

4.4 本章讨论与小结

4.4.1 讨论

生态位模型环境参数刀切法分析表明，最低海水温度、海水平均温度、最低气温和年均气温是影响互花米草地理分布的主要环境因子。随着环境变量的变化，互花米草分布概率均呈现先升高后降低的抛物线模式，这与赵相健等（2015）以及本书获得的互花米草生长特征的纬度梯度趋势较为一致。植被存在概率与年均最低海水温度的关系说明，当海水年均温度为10.46℃~27.29℃时，互花米草较适宜生长，而较高的海水温度会降低互花米草的存在概率。并且，模型结果表明，当年最低海水温度超

第4章 互花米草在我国滨海滩涂的扩散趋势预测

过24.81℃时，潮滩几乎是完全不适宜互花米草生长的，而当最低温度低于0.62℃时，互花米草的存在概率仍能达到20%左右。年均气温和1月最低气温与互花米草的分布概率也说明，我国互花米草适宜温度分布范围9℃～25℃，较高的年均温度，特别是极限低温过高会影响互花米草的分布，说明我国北方地区和中部地区相对南方地区较适宜互花米草生长，这与本书研究的互花米草扩散速度的区域差异较为一致。此外，模型结果还反映出，虽然互花米草的分布受海水盐度影响较小，但互花米草的存在概率随盐度的增加而降低，说明过高的盐度也在一定程度上限制了互花米草的扩散。同样，随海流速度的加快，互花米草的分布概率降低，说明互花米草较适宜生长在海流速度较慢的潮滩。这与多数研究成果及野外实际考察情况一致，大多数互花米草分布区为淤泥质海滩，而在海流速度较快的侵蚀海岸互花米草分布较少。

互花米草在我国的不适宜分布区仅为15%，其他85%的区域均为互花米草适宜分布区。虽然这些区域内可能存在一些因现实的地理因素（如砾石质海岸）而导致互花米草生长困难的区域，但在一定程度上也说明互花米草在我国沿海仍具有较大的入侵潜力。互花米草在渤海湾滩涂的分布概率达到20%。结合海水温度和气温的环境因素分析，当1月平均温度为-15℃时，互花米草存在概率仍达到15%左右；当最低海水温度低于0.62℃时，互花米草存在概率仍在20%左右，说明较低的海水温度和气温不会降低互花米草的存在概率；更进一步说明，互花米草在我国沿海具有向北入侵渤海湾的趋势。位于渤海湾北部的辽河三角洲为温带半湿润季风气候，滩涂资源丰富，年均温度为8.5℃，1月平均气温为-12℃，主要盐沼植被为芦苇和翅碱蓬，潮间带区域主要分布翅碱蓬，但土壤含盐量为0.3%～0.5%的区域为翅碱蓬适宜生存区，当土壤含盐量达到2%以上时，翅碱蓬无法生存。互花米草盐度耐受范围大于翅碱蓬，虽然目前没有关于互花米草和翅碱蓬的竞争力分析研究成果，但从互花米草较强的适应力和竞争力来看，互花米草的竞争优势会大大提高其在渤海湾滩涂的入侵潜力。互花米草对渤海湾的入侵可能会影响辽河三角洲芦苇和翅碱蓬的生长，进而会对丹顶鹤和黑嘴鸥等珍稀鸟类的栖息环境造成负面影响，应加大湿地植被的监测力度。

此外，根据互花米草适宜分布等级分析，在我国南方地区，如广东雷州半岛、广西防城港和钦州地区、海南省南部地区，互花米草的分布概率均在20%左右。并且，部分地区已经有互花米草分布，如广东省徐闻县、广西壮族自治区防城港和海南省儋州湾滩涂，说明这些地区也是互花米草的潜在分布区，具有较大的入侵风险。但是，在海南省19°19′N以南海岸域，互花米草分布概率低于0.05，说明该区域互花米草入侵概率相对较低，互花米草扩散到这些区域的可能性较小。但是，本书设计的模型仅根据我国互花米草分布点记录对应的环境变量获取互花米草适宜区，没有考虑其在原产地及其他入侵地的分布点数据，存在一定局限性。从亚当斯（Adams）对南非Great Brak河口的互花米草生长特征的研究可看出，之前学者一直认为，互花米草只能承受最多连续12h的淹水时间。但是，在南非的新纪录发现，互花米草可生存在连续淹没8个月的河口，说明互花米草入侵能力非常强大，因此，不能排除互花米草入侵我国海南岛南部的可能性。

在大尺度范围下，全球气候变化对北美和欧洲的植物和鸟类的分布趋势被广泛研究（Thuiller et al., 2005）。同样，全球气候变化也可能导致互花米草的扩散特征发生变化，如向高纬度地区入侵的速度加快。并且，研究表明，海平面的升高可增加互花米草对入侵地植物的竞争优势（陈中义等，2004；王智晨等，2006）。同样，随着生境富营养化的加剧，也会加快互花米草种群的扩张（Levine et al., 1998）。总之，本书研究的结果表明，互花米草在我国滨海滩涂的入侵潜力非常大，应加大沿海滩涂的植被遥感监测。

威廉姆森（Williamson）(1996)指出，对某一个外来物种入侵某个地区的预测，应该以入侵地之外的另一个入侵区域的分布记录数据为基础，而并非原产地。本书仅用我国互花米草分布记录作为模型训练数据，没有考虑其他区域的分布点数据，并且也没有使用其他入侵地的分布点数据来验证模型结果，因此存在一定局限性。这些因素可能导致模型运算结果的偏差，以后可在这方面进行完善。

4.4.2 本章主要结论

①MaxEnt模型适用于我国互花米草适宜分布的研究，模型预测精度达到0.8以上，达到"很准确"水平，说明借助MaxEnt模型可做互花米草入侵潜力分布区的预测。

②我国互花米草地理分布区的分布概率主要受到最低海水温度、平均海水温度、年平均气温和1月最低温度4个环境因素的影响，海水盐度、最高海水温度、7月最高温度和海流速度对互花米草地理分布影响较小。互花米草高度适宜分布区的最低海水温度范围为0.62℃~24.81℃，平均海水温度范围为10.46℃~27.29℃，年均气温为9℃~25℃，1月最低温度为-13.5℃~16.7℃。

③模型结果显示，在研究区范围内，仅有15%的区域互花米草分布概率低于0.05，为不适宜分布区，其余85%的区域为适宜分布区。其中，高度适宜分布区占18%，中度适宜区占34%，低度适宜区占33%。预测结果显示，互花米草在我国北方区域地理分布概率达到20%以上，互花米草有向我国北部入侵的趋势。特别是在渤海湾地区，互花米草入侵潜力较大。不适宜分布区主要集中在海南中部和南部海岸。依据当前我国分布记录和气候数据，在这些区域，互花米草入侵风险较小，但不排除在未来入侵的可能性。

第5章 互花米草在我国沿海滩涂的控制和管理建议

依靠强大的适应能力、繁殖能力和竞争能力，互花米草在我国沿海种植以来扩散迅速，已经成为我国沿海分布面积最大的盐沼植物。互花米草引种以来，为我国滩涂带来较大的生态和经济效益，但由于其大面积取代本土植物，降低了沿海湿地生物多样性及淤塞河道等负面影响，2003年，互花米草被列入我国首批入侵物种名单，引起政府部门和学术界的广泛关注，对互花米草的控制和有效管理也成为世界性的热点问题。本书搜集大量国内外关于互花米草控制和利用的研究成果，并结合本书的研究成果，提出一些互花米草的控制和管理建议。

5.1 互花米草的控制措施

互花米草具有强大的繁殖能力，在入侵地的控制已经成为世界性难题。国内外专家对互花米草的控制做了大量的研究和实践工作，并从生态学和经济学等多角度进行了评估（Hedge et al., 2003；Major et al., 2003；Strong and Ayres et al., 2016；Adams et al., 2016）。针对互花米草的控制和防治的方法主要有物理（机械）法、化学控制法、生物防治法和综合防治法。

5.1.1 互花米草物理防治

物理防治法，又称为机械防治法，主要是指利用人力或机械装备，通过拔除幼苗、水淹、掩埋、连续刈割、织物覆盖、火烧和围堤等措施，直接或间接地抑制互花米草的生长和扩散，进而达到控制的目的（Portnoy，1999；Hedge et al.，2003）。物理方法通常比较有效，一般不会造成环境污染，对滩涂其他生物的影响也较小。但是，该方法费时费力，成本较高。

人工拔除幼苗对于入侵早期的孤立生长的分散互花米草斑块非常有效，美国旧金山湾的互花米草防治成果也证实，人工拔除对于小斑块互花米草种群和单个互花米草植株比较有效（Zaremba et al.，2004）。戴勒（Daehler）和斯特朗（Strong）（1996）的研究表明，机械防治是治理直径小于10m的互花米草种群斑块的有效方法。2015年5月，在我国海南省儋州湾首次发现互花米草分布点，分散的互花米草斑块分布在红树林外缘，面积约100m²。在发现之后，当地林业部门立即进行了人工拔除。到2015年11月，仅剩下3丛离散斑块，说明人工拔除是一种快速见效的控制方法。皮特凯恩（Pitcairn）等（2002）对互花米草在瑞士的研究表明，物理拔除方法成功防治了当地分布面积小于10hm²的互花米草群落。人工拔除幼苗最好在春季进行，并且需要连根拔除，留下的少量互花米草根茎还可能会重新生长，因此，需要连续多次拔除，注意对于拔除植株的处理，防止植株重新繁殖或随潮汐漂移到别的地方立地生长。针对南非Great Brak河口的互花米草，当地人在2010年春季开展了大面积机械处理，但是，枯落植株仍堆积在滩涂上，后重新繁殖生长（Adams et al.，2012）。人工拔除幼苗适用于刚刚定居的互花米草种群的治理。对于已建成的种群，人工拔除方法效果不佳（王蔚等，2003；Daehler and Strong，1996）。因此，根据我国目前互花米草的分布情况，相关人员可尝试在辽宁省大连市庄河市外滩涂、唐山陡河口、北大港独流减河口、海南省新英港等面积较小的互花米草种群实施人工拔除和挖掘，可选择在互花米草生命力较脆弱、易去除的冬季和春季进行。

对于大面积的互花米草治理通常需要机械装备的辅助，可选择用机械旋耕机将植被根茎旋耕粉碎，或者采取机械车翻耕植被后对植被根茎进行覆盖，阻止茎向根部输送氧气而达到使植物窒息的方法。英国林迪斯法恩（Lindisfarne）国家自然保护区尝试用掩埋互花米草的方法控制米草扩散，效果较好（Frid et al.，1999）。华盛顿州立大学应用自制的机械旋耕机成功治理了一定面积的互花米草，并发现，机械窒息法实施的最佳季节是秋季。帕滕（Patten）（2004）对威拉帕海湾和旧金山湾的研究表明，只有当粉碎的植物埋到表层沉积物下面时，治理才能产生良好效果。由于互花米草须根较多，根系较深，在植被翻耕和粉碎的基础上，结合机械挖掘互花米草根茎这一方法，会显著提高效果。但是，机械装备的处理受到滩涂地形的限制。在平坦的海岸边缘、互花米草密集集中地带比较适合用机械处理法，在海拔较低的中低潮滩或者坡度较大的河岸两侧不适合应用该方法。由于设计和组装挖掘设备需要投入大量资金，该方法也不适宜大面积互花米草群落的处理，如江苏省盐城。在我国，在上海市崇明北滩，互花米草已经侵入芦苇生长区，接近大堤边缘，并且为大片密集斑块，适用该方法，连云港赣榆外、福建罗源湾、福清湾和广西营盘外滩涂的互花米草分布区可尝试该方法。

近年来，通过刈割和火烧方法也开始用于互花米草的控制。刈割能遏制互花米草生长，可有效减少植株的产籽量，但通常需反复割除才能奏效（Task，1994）。高频率割除可耗尽互花米草生长所需要的能量和营养，致使枝叶枯萎直至死亡。对于大面积的互花米草，需要在两个生长季节进行9~10次的割除，要连续3年，特别是在夏季刈割，才有可能杀死植株。人工割除需要较大的劳动力，借助特殊设计的割草机械设备可大大提高效率，减轻人员负担，美国鱼类和野生动物部于1998年设计了水陆两用割

第5章 互花米草在我国沿海滩涂的控制和管理建议

草机,已用于美国。威拉帕海湾地区刈割互花米草。在开阔滩涂,人们也可用频繁火烧的方法来控制互花米草。火烧方法可降低互花米草的生物量,阻止植株获取养分,有效地抑制种子繁殖,但不能彻底杀死根茎,甚至有可能导致互花米草爆发(王智晨等,2006)。火烧实施的适宜时间为秋末冬初,在种子成熟之前进行,需要在可控制的条件下进行,并注意火烧对其他生物和邻近设施的影响。刈割和火烧方法对中等面积互花米草分布区的控制会有一定效果,如胶州湾、崇明东滩、南竹港、象山港、三门湾、三都湾和潭江口等,但不适宜红树林分布区互花米草的防治,如广西壮族自治区丹兜海、山口红树林保护区,以及福建省漳江口红树林保护区等,或者工业区或港口外的互花米草,如天津市海河口、江苏省宁波工业技术开发区外的互花米草。

另外,遮盖方法在国内外也大量用于控制互花米草。它是用黑色塑料膜或不透明质的纤维压盖在丛生的互花米草斑块上,通过密封覆盖来阻止植物光合作用的进行,并使被覆盖植株处于高温条件下,耗尽植株根系和根状茎的营养供给,导致互花米草死亡的一种控制方法。有研究表明,互花米草植株在被遮盖1~2个生长季后,可大量死亡。该方法对环境影响较小(Spartina,1994)。但是,该方法一般适用于互花米草的离散植株或小面积互花米草斑块。并且,这种覆盖至少需要2年时间。塑料薄膜在强光和潮湿环境中,会逐渐老化,互花米草的尖叶也会破坏薄膜,导致被覆盖的植株穿破覆盖物重新生长。在广西壮族自治区防城港互花米草防控基地,当地环保部门采取覆盖黑色纤维方法实施互花米草控制。笔者在2015年5月的野外调查发现,薄膜覆盖下,部分互花米草已经死亡,但是薄膜已有部分破坏,离散互花米草在覆盖物外重新生长。所以,该方法的控制效果还需要客观地评估。

对于更大面积的互花米草,水淹方法可能会是一个比较有效的方法。一般通过建造一个暂时性堤坝或其他结构滞留潮水来导致互花米草死亡。

互花米草通常生活在潮汐环境里，堤坝隔绝潮流，使互花米草长期生存在持续淹水环境下，抑制了互花米草的营养吸收和氧气交换，导致植株死亡。但是，临时堤坝内的水位必须控制在足够使互花米草死亡的水深，并且持续时间也较长。亚当斯（Adams）（2012）发现，互花米草50%的植株被海水连续淹没8个月仍能生存。因此，淹水时间要持续到一定时间才可达到控制效果。在我国杭州湾南岸、乐清湾和福宁湾等地区，都在尝试用外围堤坝的方式来控制互花米草的扩散。但由于措施应用时间太短，没有看到明显的效果。我国崇明东滩于2001年建立新大堤后，大堤内互花米草长时间缺少海水环境，逐渐大面积死亡。随着降水的增加，堤内区域出现了碱蓬和芦苇植被，说明滩涂环境逐渐向淡水生态系统演替。

5.1.2 互花米草化学防治

化学方法是指应用除草剂或其他化学药剂来控制互花米草。药剂的专一性、喷洒剂量和施药时间都非常重要，施药部位、剂量或者时间不合理均有可能摧毁正常出现在生态系统中的本地物种（王伯荪等，2004）。用于防除互花米草的除草剂主要是以草甘膦（glyphosate）和灭草烟（imazapyr acid）为主要成分。威拉帕海湾的化学控制实验证明，不同的药剂喷洒时间和方法对互花米草的杀除力影响较大（Norman，1994）。通常高频率（生长季节每月1次）喷洒草甘膦（5%~8%）的控制效率可达到50%，需要重复几年才可达到永久性控制的效果。喷洒除草剂的最佳季节是7月，在9~10月的喷洒效果较差。在威拉帕海湾，2008年草甘膦除草剂被灭草烟代替来防治互花米草，达到了较好的控制效果（Patten，2002）。至2011年，仅有少量的分散互花米草斑块存在，基本达到了预期控制效果。截至2011年，从项目启动至今，相关部门共花费3000万左右（Strong and Ayres，2013）。在旧金山湾，2003年开始启动控制米草扩散的入侵米草工程（Invasive Spartina Project，ISP），主要针对互花米草及互

第 5 章　互花米草在我国沿海滩涂的控制和管理建议

花米草与本地米草属植物杂交生成的更具入侵能力的植物（Strong et al., 2016）。在控制工程前期，主要喷洒草甘膦，后来以喷洒灭草烟为主，控制效果明显，入侵物种分布面积从 325hm^2 减少到 13hm^2（Kerr，2014）。但是，2008 年，研究人员发现互花米草与当地植物杂交生成的植物可为当地濒危鸟类提供食物和栖息环境，增加了当地该鸟类的数量，因此控制项目需要被重新评估（Strong et al., 2016）。在南非，水务部门开展的水域入侵项目（Water Invasive Program，WIP）从 2010 年开始人工喷洒草甘膦（700g/kg 浓度）来控制互花米草，并结合机械清除措施，到 2012 年，互花米草生物量和株高明显降低。但是，由于机械清除导致了植被密度升高，2013 年—2014 年开始高频率向互花米草喷洒除草剂措施，但成分从原来单一的草甘膦到草甘膦（10kg ha-1）中添加 0.5% 比例的灭草烟（100g/L），效果良好，互花米草植被密度减少了 50%；到 2014 年年底，大部分植株已经死亡，治理区互花米草活性植株比例下降到了 5% 以下（Adams et al., 2016）。由此可看出，喷洒灭草烟是目前化学治理互花米草中比较有效的措施。

在我国，福建省农科院生物技术中心的刘建等（2005）研制出了一种防除米草的除草剂——米草净，小面积实验表明，喷洒米草净可在 60 天内连根杀死互花米草。吕小梅等（2006）尝试用主要成分为草甘膦异丙胺盐、甲酯等的除草剂，在厦门市九龙江口开展互花米草控制实验。结果表明，该除草剂防除互花米草比较有效，并且药剂喷洒对底栖生物影响不明显。总体来讲，我国化学在防治互花米草方面仍处于实验研究阶段，没有特别成熟的产品可以进行大规模的推广使用，这可能与互花米草在我国的入侵还没有达到非常严重的程度有关。同时，向互花米草生长地居民咨询发现，他们不是很认同和接受使用除草剂治理互花米草，因为化学药品通常有一定毒性，且存在残毒问题（曾北危，2004），可能会对土壤和本土生态系统造成负面影响，并且互花米草边缘有很多海产养殖区，也可能对养殖海产品有危害，同时对人类健康和生态环境也可能造成不利影响。因此，虽然化学防治是一种又快又便利的治理手段，但是，大规模推广会有很多困难，建议可先在小范围内实验，然后在不影响环境和人类健康的情况下进行扩大推广。

5.1.3 互花米草生物防治法

互花米草生物防治法是指利用昆虫、真菌和病原体来抑制互花米草的生长和繁殖，进而遏制互花米草的种群爆发和大规模扩散，具有效果持久、环保、防治成本低廉等优势。根据目前研究成果发现，可能控制互花米草生长的生物主要有：麦角菌、玉黍螺和光蝉（Wang et al.，2006）。玉黍螺可直接取食互花米草叶片，进而强烈抑制其生长（Silliman and Zieman，2001；Silliman et al.，2004），在美国威拉帕海湾的研究发现，麦角菌能使当地互花米草感染麦角病菌，在种子里生成菌核，降低种子繁殖能力，从而控制其扩散。但是，由于麦角菌可能会对盐沼中其他禾本科植物有影响，并且微生物具有较强的适应性和变异性，因此引用麦角菌来治理互花米草还有待研究（Fisher et al.，2005）。多项研究表明，光蝉是用于互花米草生物防治最具潜力的生物（Wu et al.，1999；Hedge et al.，2003）。温室实验结果表明，互花米草是光蝉的主要寄主植物，尤其对非原产地的互花米草具有较大的杀伤力，并且对其他植物无明显影响（王蔚等，2003）。但是，国内外对互花米草的生物防治也仅处于实验室和温室试验阶段，没有野外的成功案例，并且生物防治可能会引来外来物种的第二次生物入侵，因此需慎重使用。

5.1.4 互花米草生物替代法

生物替代法是指根据植物群落的演替规律，在入侵区域种植生态环境价值或经济价值具有竞争力的本地物种来取代外来入侵植物，进而恢复和重建本土生态系统，形成良性演替的植物群落的一种生态学防治技术（王蔚等，2003）。南京大学利用"地貌水文饰变促进生物替代"技术小区域实现了利用同一生态位生长的芦苇替代互花米草（张茜等，2007）。我国效果较好的生物替代防治是在珠海淇澳岛。珠海淇澳岛从孟加拉国引进生长迅速的高大无瓣海桑来控制互花米草取得了很明显成效（唐国玲等，2007）。调查结果看，种植3年的无瓣海桑林下，互花米草群落的盖度和丰度明显下降，种植4年的无瓣海桑林下互花米草群落的盖度几乎为0。从遥感分析和野外调查发现，淇澳岛互花米草面积可能仅剩余1hm^2。我国长江口进行了初步的用芦苇来替代互花米草的实验，芦苇的生存率也较高，但由于互花米草的扩散速度较快，一般2年后，大面积互花米草重新生长，不能达到较好的控制互花米草效果（李贺鹏等，2007）。因此，生物替代技术需要与物理处理结合起来。野外考察发现，在郁闭的红树林下，互花米草不再有竞争优势。在福建泉州湾，互花米草被大面积清除，滩涂上连续多年种植红树幼苗，加大人工管理，促使红树成功成林，以达到互花米草防治目的。在我国海南儋州湾，人工拔除红树林幼苗后，在分布区种植了白骨壤和红榄榄红树幼苗，已达到防控目的。但是，由于盐沼的恶劣环境，很难找到合适的植物与互花米草竞争，而采用外来种无瓣海桑也可能影响本地红树林的恢复和生长。因此，需要结合机械防治来恢复本土合理的生态系统。

5.1.5 互花米草综合防治法

综合防治法即是结合机械、化学、生物防治和生物替代等多种方法，取长补短，通过合理的次序安排和持续性进行，从而达到防控互花米草的目的。我国长江口就已经采用了刈割与水位调节相结合的技术，达到了控制互花米草的效果（袁琳等，2008）。因为用外来物种来治理互花米草可能会引起二次入侵问题，所以，本书不建议采取用外来物种进行生物防治控制互花米草的方式，建议主要以物理防控和化学防控为主，在清除互花米草后，结合本地物种的生物替代方式达到本土生态系统的恢复。由于互花米草生命力较强，综合治理措施需持续进行才可能会有效果。

5.2 互花米草的综合管理

互花米草的管理是一项复杂的系统工程，我们需根据我国沿海区域的不同情况，制定合理的控制和管理方案，以达到建立良好滨海生态系统的目的。

5.2.1 因地制宜的管理措施

由于互花米草的生态功能和负面效应的两面性，要根据各地区互花米草分布的不同情况来采取管理措施。

①在互花米草分布面积较大，并且已经造成严重入侵的区域，互花米草控制措施的实施是最重要的，可结合连续的物理防治和化学防治的快速治理方式，并结合长期的生物替代的生态修复工程，来达到防控的目的。

②对于分布面积不大，并没有对当地生态系统构成较大威胁的区域，应加大对于本地物种的管理，加强本地物种的竞争力，使互花米草和本地物种在良性的生态系统中生长。对于还没有出现互花米草，但距离互花米草分布区距离较近，风险较高的潜在分布区，也应加大监测力度，一旦发现有互花米草斑块，立即人工拔除，并进行本土植被的管理，增强本土植被竞争力；对于距离米草分布区较远，但入侵风险较大的区域，如辽河三角洲，应加大植被动态监测，并开展本地物种和互花米草的相关实验研究，预防互花米草的入侵。

5.2.2 科学管理体系的建立

互花米草在我国入侵面积越来越大，因此，对于互花米草的科学管理刻不容缓。互花米草防控组织应该包括生物学、生态学、环境学、海洋学、地理学和农学的专家和研究人员，负责互花米草的防控试验和防控措施的正确推广。同时，地方负责部门应该加大互花米草的动态监测，并配合防控措施的开展。防控组织人员应加大国内外学术交流，吸取各地的米草防控经验，并借鉴国外的相关管理政策，增强我国互花米草的管理能力。

5.2.3 加大互花米草的动态监测和预警

由于互花米草控制成本较高，我们更应该加大互花米草在我国海岸分布状态的监测。由于遥感能实时获取大范围的空间数据，是监测互花米草分布的最佳手段，科研机构和组织应加大互花米草分布状况的监测，使防控部门可以准确地了解各地米草的入侵程度，制定合理的措施，并且通过高分影像和无人机航拍影像可帮助获取小范围精细的互花米草分布情况，辅助互花米草的动态监测。

此外，利用合理的入侵植物扩散模型，预测未来互花米草的扩散趋势对互花米草的防控也是非常必要的。因此，需要加大专业人才培养，增加国内外交流，加强互花米草在我国入侵机制的研究，建立野外监测点，跟踪观察互花米草扩散情况，增强互花米草种群扩散过程的研究；依据已有历史资料和现有分布，建立有效的扩散模型，预测互花米草在未来的扩散趋势，并建立合理的入侵风险模型，评估互花米草在我国沿海不同区域的入侵风险。

第6章 总结和展望

6.1 互花米草在我国沿海的分布格局和扩散过程

生物入侵已成为全球性环境问题之一，互花米草依靠强大的生命力和繁殖力，已扩散到美国西海岸、欧洲、新西兰、中国和南非的多个河口和海湾，引起世界科学界的关注（Strong et al., 2016）。互花米草于1979年年底作为生态工程项目引入我国，扩散迅速，已成为我国沿海盐沼系统中最重要的植物。本书借助 Landsat 遥感影像、Google Earth 影像、SODA 海洋数据和地面气象数据等多种数据来源及2014年—2015年的三次野外调查，获得了互花米草在我国的当前空间分布信息和在我国引种以来的扩散过程，得到了主要结论如下：

①由于我国沿海气候条件与互花米草原产地较为相似，较适宜互花米草生长，并且较宽的生态幅使互花米草在我国扩散迅速。截至2014年，我国互花米草面积达到 55 468hm^2，北到辽宁葫芦岛，南至海南省儋州湾，东到丹东鸭绿江河口，西至广西防城港，纬度为 19° 46′ N 至 40° 47′ N，经度分布范围从 108° 19′ E 到 124° 13′ E。由于引种时间和沿海环境都存在差异，互花米草在我国各省区分布面积有一定差异，江苏省滩涂互花米草分布面积最大，达到 21 843hm^2，占全国分布总面积的40%；上海市、浙江省和福建省滩涂互花米草分布面积达到 28 735hm^2，占总面积的52%；

河北省、天津市和山东省滩涂互花米草分布占总面积的7.1%,广东省和广西壮族自治区滩涂互花米草分布面积仅占总面积的1.1%,剩余的少量互花米草分布在辽宁省、海南省儋州湾等地,总体呈中部沿海地区分布面积较大、北方和南方地区分布面积相对较小的分布规律。按照气候带划分,暖温带和北亚热带的互花米草面积占总面积的74.04%,中亚热带占18.67%,热带面积仅占7.9%,说明我国北部地区和中部地区为互花米草适宜分布区。

②从上海到广西的26个互花米草植被群落和土壤调查中得知,我国大部分互花米草分布区为互花米草单优群落,中部沿海地区互花米草植株高度和地上生物量总体高于南方地区。互花米草生境中土壤pH值为6～8.5,上海地区土壤pH值偏高,土壤盐度从上海到广西海滩无明显差异。在互花米草生境中,土壤N的比例范围为0.004%～0.186%,区域差异不明显;土壤总C的变化范围为0.064%～2.589%,土壤总P的变化范围为108.76～817.22mg/g,不同地区土壤中C和P的含量差异显著,总体呈现随纬度降低,营养含量也降低的趋势。

③互花米草1990年的分布面积为3 956hm^2,到2014年,互花米草的分布面积已达到55 468hm^2,年均扩散率达到11.6%。借助遥感影像和历史资料分析可得出,互花米草在我国整体呈现增长的模式。互花米草在我国的入侵可分为四个阶段:第一阶段为1980年—1990年的试栽期,在这个阶段,互花米草仅在试栽区域有小规模扩散。第二阶段从1990年—2003年,随着互花米草推广种植区域越来越多,互花米草分布范围扩大,到2000年左右,全国各省区均有分布。并且,随着互花米草逐渐适应本土的气候环境,互花米草迅速扩散,年平均扩散速度达到20.4%,主要在江苏、上海、浙江和福建省海岸大规模扩散,这期间互花米草主要借助根茎的克隆繁殖来完成小区域扩张,以及互花米草种子插入式地占据新斑块,向光滩和高潮滩开辟新生境,完成种群扩张。第三阶段为2003年之

后的2年，全国迎来大规模的互花米草盐沼围垦期，全国互花米草总面积减少了约12.7%，江苏省、浙江省和上海市互花米草面积减少最多，大规模围垦使互花米草种子产量下降，不利于互花米草扩散。第四阶段为2005年后，此时为互花米草稳定缓慢扩散期。这主要是由于互花米草迅速扩散已经占据了大部分合适生态位，海拔过低的潮滩限制了互花米草种群的扩张，需要潮滩继续淤积使光滩高程升高以取得更多生长空间。

④通过分析互花米草在我国沿海43个区域的扩散过程可得出，互花米草扩散速度呈现北部偏高、中部和南部地区较低的趋势，垂直于海岸的扩散速度呈现随纬度升高而加快的趋势，这主要是由于我国北方互花米草种子数量较多，种子的繁殖和传播对我国北方互花米草的扩散贡献较大。结合土壤性质分析，我国北方地区土壤中C含量较高，丰富的营养物质为互花米草种群的营养繁殖提供了保障，使得我国北方互花米草扩散速度较快。再者，北方多数地区处于互花米草入侵初期，丰富的滩涂资源和适宜的滩涂高程为互花米草的扩散提供了有利条件。从互花米草的扩散率与三项海洋环境因子的回归模拟结果可看出，互花米草的扩散速度与海水温度和海流速度相关，而与海水盐度关系不显著。随着海水温度的升高，互花米草扩散速度下降；随着海流速度的升高，互花米草呈现扩散减慢的趋势。从与气候变量的相关性分析得出，互花米草的扩散速度与年均温度、1月最低温度和降水量显著相关，但由于这些因素与纬度相关性较强，很难判断出哪些因素是影响植被扩散的主导因子。土壤分析显示，土壤pH值和土壤盐度对互花米草的扩散速度影响较小，而互花米草的扩散受到土壤中N含量和C含量的影响，随着土壤中N含量和C含量的增加，互花米草的扩散速度加快，因此，应加大富营养化河口的环境监测及互花米草的管理和动态监测。

6.2 互花米草在我国沿海的扩散趋势和管理对策

借助互花米草在我国的现有分布点和相关环境变量,基于 MaxEnt 生态位模型对互花米草在我国的适宜分布情况进行了预测,结果得出,平均海水温度、最低海水温度、年均气温和 1 月平均气温是影响互花米草在我国地理分布的主要因素。我国沿海滩涂适宜互花米草的分布区域可能达到 85% 左右,其中,18% 为高度适宜区,主要为江苏、上海、浙江和福建的部分地区;34% 为中度适宜区,包括辽宁省丹东和大连、河北省沧州、天津市、山东东营市、青岛等部分地区;33% 为低度适宜区,主要包括渤海湾、广东、香港、澳门和台湾的大部分地区,仅有 15% 的地区为分布概率较低区域,说明互花米草在我国入侵潜力较大,特别是在北方地区,互花米草的入侵风险较大,应加大对于滩涂植被的监测力度。

通过互花米草在我国的扩散过程和趋势的预测研究,本书对未来我国互花米草的管理和控制提出了一些建议,互花米草的管理要科学化、因地制宜地开展,针对互花米草的不同入侵程度,制定不同的管理和监测措施,国家应成立专门的互花米草控制机构或组织,集合了多学科的专家和学者,对我国互花米草的入侵机制、防控技术和实施方法展开研究,并督促防控措施的实施。对互花米草的控制管理建议将多种防治方式结合起来,可先用机械防治和化学防治方式去除大面积互花米草,并利用本地物种生物替代的方式促进本土生态系统的恢复,但互花米草的防控是一项长期的系统工程,应在多部门的监督和支持下持续进行。

6.3 展望

互花米草的入侵受到了全球的关注,各国科学家也在从各角度对互花米草的入侵开展研究。本书尝试从我国沿海地带开展了互花米草的空间分布和扩散特征研究,取得了一定的研究成果,希望能为其他的研究人员提供一些有价值的信息,未来互花米草的研究可从以下几个方面开展:

(1)互花米草的传播路径研究

在我国除了文献记载的栽种记录,大多数分布区的互花米草来源不明确,是临近区域自然扩散而来的,还是通过船舶或货物运输而传入的,需要结合海洋学知识以及当地详细的实地考察获得。

(2)新分布区的互花米草的基因特征研究

我国已有相关文献进行我国互花米草基因的监测(Guo et al., 2015),但对于新发现区域如大连庄河市、广东徐闻县和海南儋州湾的互花米草的基因特征无相关记录,可在该方面开展研究,可能会得出互花米草来源的相关信息,以及我国互花米草的遗传特征等信息。

(3)互花米草对生态系统的影响研究

国内开展了一些互花米草对本土生态系统影响的研究,但都局限于小范围,不能代表大范围内的全部特性,应对不同区域互花米草的生态影响进行比较研究,分析不同区域互花米草的生态效应是否存在差异,以达到客观评价互花米草生态效应的目的。

(4)互花米草新纪录点开展监测研究

大多数互花米草分布区处于入侵的中期和后期阶段,不便于研究互花米草的入侵机制和扩散过程,但方便从入侵初期开始研究互花米草的入侵机制、速度和生态影响,如以海南儋州湾和辽宁庄河为例,建立监测点,开展互花米草的扩散研究。

(5)加强互花米草的应用和防控研究

互花米草的防控是世界性难题,采取哪种方式可较好地控制互花米草的入侵是研究的热点问题,可研究互花米草的经济价值,并加以利用。控制措施的研究和开发是重点,未来可在典型互花米草分布区建立实验基地进行连续多年的防控实验,并评价控制效果,为大规模推广防控措施提供理论基础；开展生物替代研究，为本土生态系统的恢复提供决策支持，如可在南方开展红树林树种和互花米草的生物替代实验，以便选择合适的盐沼替代物种；在北方加强芦苇或其他禾本科植物的滨海湿地生态恢复研究；在我国渤海湾，可开展互花米草与翅碱蓬的竞争实验及渤海湾生境研究，以评估互花米草对渤海湾的入侵风险和潜力。

参考文献

[1] 曹向峰, 钱国良, 胡白石, 刘凤权. 应用生态位模型预测黄顶菊在中国的潜在适生区. 应用生态学报: 2010, 21 (12): 3063-3069.

[2] 曾北危. 生物入侵. 北京: 化学出版社, 2004, 217-222.

[3] 陈才俊. 围滩造田与淤泥质潮滩的发育. 海洋通报: 1990, 9 (3): 69-74.

[4] 陈中义, 付萃长, 王海毅. 互花米草入侵东滩盐沼对大型底栖无脊椎动物群落的影响. 湿地科学: 2005a, 3 (1): 1-7.

[5] 陈中义, 李博, 陈家宽. 米草属植物入侵的生态后果及管理对策. 生物多样性: 2004, 12 (2): 280-289.

[6] 邓自发, 安树青, 智颖飙, 等. 外来种互花米草入侵模式与爆发机制. 生态学报: 2006, 26 (8): 2678-2686.

[7] 关道明, 刘长安, 左平, 等. 中国滨海湿地米草盐沼生态系统与管理. 北京: 海洋出版社, 2009: 97-113.

[8] 河海大学. 灵昆贮灰场外堤消浪试验初步报告. 1991.4.

[9] 鞠瑞亭, 李慧, 石正人, 等. 近十年中国生物入侵研究进展. 生物多样性, 2012, 20 (5): 581-611.

[10] 雷军成, 徐海根. 基于MaxEnt的加拿大一枝黄花在中国的潜在分布区预测. 生态与农村环境学报: 2010, 26 (2): 137-141.

[11] 李贺鹏, 张利权. 外来植物互花米草的物理控制实验研究. 华东师范大学学报 (自然科学版): 2007, 6: 44-45.

[12] 刘建, 杜文琴, 马丽娜, 等. 大米草人工败育技术研究. 农业环境科

学：2005，24（4）：45-47.

[13] 刘军普，田志坤.互花米草净化污水的研究.河北环境科学：2002，10（2）：45-48.

[14] 刘伦辉，刘文耀，郑征，等.紫茎泽兰个体生物及生态学特性研究.生态学报，1989，9（1）：66-70.

[15] 吕小梅，张跃平.互花米草防除药物对滩涂底栖生物影响的评价.台湾海峡：2006，40（10）：11-12.

[16] 南京信息工程大学大气资料服务中心.SODA月平均海洋数据集简介.南京气象学院学报：2006，29（6）：864-865.

[17] 钦佩，经美德，谢民.美国互花米草（Spartina alterniflora）三个生态型的种子耐盐萌发试验.米草研究的进展—22年里的研究成果论文集.南京大学学报：1985a，237-246.

[18] 沈永明，曾华，王辉等.江苏典型淤涨岸段潮滩盐生植被及土壤肥力特征.生态学报：2005，25（1）：1-6.

[19] 沈永明，刘咏梅，陈全站.江苏沿海互花米草（Spartina alterniflora Loisel.）盐沼扩展过程的遥感分析.植物资源与环境学报：2002，11（2）：33-38.

[20] 唐国玲，沈禄恒，翁伟华，等.无瓣海桑对互花米草的生态控制效果.华南农业大学学报：2007，28（1）：10-13.

[21] 唐廷贵，张万钧.论中国海岸带大米草生态工程效益与"生态入侵".中国工程科学：2003，5（3）：15-20.

[22] 王爱军，高抒，贾建军，等.江苏王港盐沼的现代沉积速率.地理学报：2005，60（1）：61-70.

[23] 王伯荪，王勇军，廖文波，等.外来杂草薇甘菊的入侵生态及其治理.北京：科学出版社，2004，123.

[24] 王蒙.长江口九段沙湿地盐沼植物根围细菌群落结构和多样性研究[D].上海：复旦大学.2006.

[25] 王瑞.我国严重威胁性外来入侵植物入侵与扩散历史过程重建及其潜在分布区的预测[D].北京：中国科学院植物研究所，2006.

[26] 王蔚, 张凯, 汝少国. 米草生物入侵现状及其防治技术研究进展. 海洋科学: 2003, 27 (7): 38-42.

[27] 王晓燕. 互花米草基因型多样性对入侵能力及生态系统功能的影响[D]. 上海. 华东师范大学, 2011.

[28] 王运生. 生态位模型在外来入侵物种风险评估中的应用研究[D]. 长沙: 湖南农业大学, 2007.

[29] 王智晨, 张亦默, 潘晓云, 等. 冬季火烧和收割对互花米草地上部分生长与繁殖的影响. 生物多样性: 2006, 14 (4): 275-283.

[30] 徐国万, 卓荣宗. 我国引种互花米草 (Spartina alterniflora Loisel.) 的初步研究. 米草研究的进展—22年来的研究成果论文集. 南京大学学报: 1985, 212-225.

[31] 徐汝梅. 生物入侵数据集成、数量分析与预警. 北京: 科学出版社, 2003.

[32] 杨俊仙, 王雷宏, 徐小牛. 基于 MaxEnt 模拟三叶海棠的地理分布. 西北农林科技大学学报 (自然科学版): 2013, 41 (7): 172-176.

[33] 叶庆华, 田国良, 刘高焕, 等. 黄河三角洲新生湿地土地覆盖图谱. 地理研究: 2004, 23 (2): 257-265.

[34] 殷晓洁, 周广胜, 隋兴华, 等. 蒙古栎地理分布的主导气候因子及其阈值. 生态学报: 2013, 33 (1): 103-109.

[35] 袁琳, 张利权, 肖德荣, 等. 刈割和水位调节集成技术控制互花米草. 生态学报: 2008, 28 (1): 5723-5730.

[36] 苑泽宁, 石福臣, 李君剑, 等. 天津滨海滩涂互花米草有性繁殖特性. 生态学杂志: 2008, 27 (9): 1537-1542.

[37] 岳茂峰, 冯莉, 田兴山, 等. 基于 MaxEnt 的入侵植物刺轴含羞草的适生分布区预测. 生物安全学报: 2013, 22 (3): 173-180.

[38] 恽才兴. 图说长江河口演变. 北京: 海洋出版社, 2010, 135-139.

[39] 张东, 杨明明, 李俊祥等. 崇明东滩互花米草的无性扩散能力. 华东

师范大学学报：自然科学版：2006，2：130-135.

[40] 张茜，赵福庚，钦佩．苏北盐沼芦苇替代互花米草的化感效应初步研究．南京大学学报（自然科学版）：2007，43（2）：119-126.

[41] 赵相健，赵彩云，柳晓燕，等．不同纬度地区互花米草生长形状及适应性研究．生态科学：2015，34（1）：119-128.

[42] 中华人民共和国环境保护部．关于发布中国第一批外来入侵物种名单的通知[EB/OL].[2003-01-10].http：//www.sepa.gov.cn/info/gw/huangfa/200301/t20030110_85446.htm．

[43] 仲崇信，卓荣宗．大米草在我国的二十二年．米草研究的进展—22年来的研究成果论文集．南京大学学报：1985a，31-35.

[44] 周玳，王晓蓉，周爱和，等．互花米草及大米草对汞富集的初步研究．米草研究的进展—22年来的研究成果论文集．南京大学学报：116-123.

[45] 朱冬，高抒．江苏中部海岸互花米草扩展对滩涂围垦的响应．地理研究：2014，33（12）：2382-2392.

[46] 朱耿平，刘国卿，卜文俊，等．生态位模型的基本原理及其在生物多样性保护中的应用．生物多样性：2013，21（1）：90-98.

[47] 祝振昌．崇明东滩互花米草扩散格局及其影响因素分析[D]．上海：华东师范大学，2008.

[48] 左平，刘长安．中国海岸带外来植物物种影响分析—以大米草与互花米草为例．海洋开发与管理：2002，12：107-112.

[49] Acevedo P, Jiménez-Valverde A, Lobo JM, et al. Delimiting the geographical background in species distribution modeling. Journal of Biogeography：2012，39：1383–1390.

[50] Adams JB, Grobler A, Rowe C, et al. Plant traits and spread of the invasive salt marsh grass, Spartina alternilora Loisel., in the Great Brak estuary, South Africa.African Journal of Marine Science: 2012, 34: 313–322.

[51] Adams J, van Wyk E, Riddin T.First record of Spartina alterniflora in southern Africa indicates adaptive potential of this saline grass. Biological Invasions: 2016, 18: 2153–2158.

[52] Alpert P, Bone E, Holzapfel C. Invasiveness, invisibility and the role of environmental stress in the spread of non-native plants. Perspective in Plant Ecology, Evolution and Systematics: 2000, 3: 52–66.

[53] Anderson RP, Gomez-laverd M, Peterson AT. Geographical distributions of spiny pocket mice in South America: insights from predictive models: insights from predictive models. Global Ecology and Biogeography: 2002, 11: 131–141.

[54] Anderson RP, Raza A. The effect of the extent of the study region on GIS models of species geographic distributions and estimates of niche evolution: preliminary tests with montane rodents (genus Nephelomys) in Venezuela. Journal of Biogeography: 2010, 37: 1378–1393.

[55] Andow D, Karevia P, Levin S, et al. Spread of invading organisms: patterns of spread. Wiley, New York: Evolution of insect pests: patterns of variation (ed. Kim KC), 1993, pp. 319–242.

[56] An SQ, Gu BH, Zhou CF, Wang ZS, Deng ZF, Zhi YB, Li HL, Chen L, Yu DH, Liu YH (2007) Spartina invasion in China: implications for invasive species management and future research. Weed Research 47: 183–191.

[57] Aplin P. On scales and dynamics in observing the environment. International Journal of Remote Sensing: 2006, 27: 2123–2140.

[58] Asher R. Spartina alterniflora in New Zealand. // Mumford TF, Peyton P, Sayce JR, Harbell Seds. Spartina Workshop Record. Washington Sea Grant Program. University of Washington, 1990, 23–24.

[59] Ayres DR, Smith DL, Zaremba K, et al. Spread of exotic cordgrasses and hybrids (Spartina sp.) in the tidal marshes of San Francisco Bay, California, USA. Biological Invasions: 2004, 6: 221–231.

[60] Baeten L, Vanhellemont M, De Frenne P, et al. Plasticity in response to phosphorus and light availability in four forest herbs. Oecologia: 2010, 163: 1021-1032.

[61] Bakker HG. The evolution of weeds.ANN Rev Ecology System: 1974, 5: 1-24.

[62] Bancroft J, Smith MT. Assessing invasion risk using remote sensing . In: The ESA 2001 Annual Meeting: An Entomological Odyssey of ESA: 2001.

[63] Barbier EB, Hacker SD, Kennedy C, et al. The value of estuarine and coastal ecosystem services. Ecological Monographs: 2011, 81: 169-193.

[64] Baruch Z, Pattison RR, Goldstein G. Responses to light and water availability of four invasive Melastomataceae in the Hawaiian Islands. International Journal of Plant Sciences: 2000, 161: 107-118.

[65] Baumel A, Ainouche ML, Bayer RJ, et al. Genetic evidence for hybridization between the native Spartina maritima and the introduced Spartina alterniflora (Poaceae) in South-West France: Spartina × neyautii re-examined. Plant Systematics and Evolution: 2003, 237: 87-97.

[66] Bertness MD. Zonation of Spartina patens and Spartina alterniflora in a New England salt marsh. Ecology: 1991, 72: 238-148.

[67] Bradley BA. Regional analysis of the impacts of climate change on cheatgrass invasion shows potential risk and opportunity. Global Change Biology: 2009, 15: 196-208.

[68] Bradley BA, Mustard JF. Characterizing the landscape dynamics of an invasive plant and risk of invasion using remote sensing. Ecological Applications: 2006, 16: 1132-1147.

[69] Bradshaw AD. Evolutionary significance of phenotypic plasticity in plants. Advences in Genetics: 1965, 13: 115-155.

[70] Barve NV, Barve A, Jiménez-Valverde A, et al. The crucial role of the

accessible area in ecological niche modeling and species distribution modelling. Ecological Modelling: 2011, 222: 1810–1819.

[71] Brooks ML. Effects of increased soil nitrogen on the dominance of alien annual plants in the Mojave Desert. Journal of Applied Ecology: 2003, 40: 344–533.

[72] Bruno JF, Kennedy CW. Patch-size dependent habitat modification and facilitation on New England cobble beaches by Spartina alternilfora. Oecologia: 2000, 122: 98–108.

[73] Burke MJW, Grime JP. An experimental study of plant community invasibility. Ecology: 1996, 77: 776–790.

[74] Byres JE. Impact of non-indigenous species on native enhanced by anthropogenic alteration of selection regimes. Oikos: 2002, 97: 449–458.

[75] Cambridge, UK: IUCN SSC Invasive Species Specialist Group, 2002.

[76] Callaway JC, Josselyn MN. The introduction and spread of smooth cordgrass (Spartina alterniflora) in south San Francisco Bay. Estuaries: 1992, 15: 218–226.

[77] Cao DZ, Wang YS, Zhang DR, et al. Application of Spartina alterniflora on Blow-fill-construct Sea Wall Engineering. Engineering science: 2005, 7: 14–23.

[78] Cao HB, Ge ZM Zhu ZC. The expansion pattern of saltmarshes at Chongming Dongtan and its underlying mechanism. Acta Ecologica Sinica: 2014, 3944–3952.

[79] Carey JR. The incipient Mediterranea fruit fly population in California: implications for invasion biology. Ecology: 1996, 77: 1690–1697.

[80] Chen ZY, Li B, Zhong Y, et al. Local competitive sffects of introduced spartina alterniflora on Scirpus mariqueter at Dongtan of Chongming Island, the Yangtze River eatuary and their potential ecological consequences. Hydrobiologia: 2004, 528: 99–106.

[81] Chesson PL, Ellner S. Invasibility and stochastic boundedness in monotonic competition models. Journal of Mathematical Biology: 1989, 27: 117.

[82] Chung CH. Forty years of ecological engineering with Spartina plantations in China. Ecological Engineering: 2006, 27: 49-57.

[83] Civille JC, Sayce K, Smith SD, et al. Reconstructing a century of Spartina alterniflora invasion with historical records and contemporary remote sensing. Ecoscience: 2005, 12（3）: 330-338.

[84] Cohen AN, Carlton JT. Accelerating invasion rate in a highly invaded estuary.Science: 1998, 279: 555-558.

[85] Cohen WB, Goward SN. Landsat's role in ecological applications of remote sensing. Bioscience : 2004, 54: 535-545.

[86] Daehler CC. Performance comparisons of co-occuring native and alien invasive plants: implications for conservation and restoration. Annual Reviews of Ecology and Systematics: 2003, 34: 183-211.

[87] Daehler CC, Strong DR. Status, prediction and prevention of introduced cordgrass Spartina spp. Invasion in Pacific estuaries, USA. Biological Conservation: 1996, 78: 51-58.

[88] Daehler CC , Strong DR. Variable reproductive output among clones of Spartina alterniflora (Poaceae) invading San Francisco Bay, California: the influence of herbivory, pollination, and eastablishment site. American Journal of Batany: 1994, 81: 307-313.

[89] David S. The GARP modeling system: problems and solutions to automated spatial prediction. Geographical Information science: 1999, 13（2）: 143-158.

[90] Davis HG, Taylor CM, Civille JC. An Allee effect at the front of a plant invasion: Spartina in a Pacific eatuary. Journal of Ecology: 2004, 92: 321-327.

[91] Davis MA, Grime JP, Thompson K. Fluctuating resources in plant communities: a general theory of invisibility. Journal of Ecology: 2000, 88: 528–534.

[92] Davies KF, Harrison S, Safford HD, et al. Productivity alters the scale dependence of the diversity-invasibility relationship. Ecology: 2007, 88: 1940–1947.

[93] Drenovsky RE, Grewell BJ, D'Antonio CM, et al. A functional trait perspective on plant invasion. Annals of Botany: 2012, 110: 141–153.

[94] Ducks JS, Mooney HA. Does global change increase the success of biological invaders? Trends in Ecology and Evolution: 1999, 14: 135–139.

[95] Elith J, Geaham HC, Anderson PR. Novel methods improve prediction of species'distributions from occurrence data. Ecography: 2006, 29: 129–151.

[96] Elton CS. The Ecology of Invasions by Animals and Plants. London: Chapman and Hall, 1958.

[97] Enrefeld JG. Effects of exotic plant invasions on soil nutrient cycling process. Ecosystems: 2003, 6: 503–523.

[98] Feeley KJ, Silman MR. Keep collecting: accurate species distribution modelling requires more collections than previoisly thought. Diversity and Distributions: 2011, 17: 1132–1140.

[99] Feist BE, Simenstad CA. Expansion rates and recruitment frequency of exotic smooth cordgrass, Spartina alterniflora (Loisel), colonizing unvegetated littoral flats in Willapa Bay, Washington. Estuaries: 2000, 23: 267–274.

[100] Fisher AJ, Ditomaso JM, Gordon TR. Intraspecific groups of Claviceps purpurea associated with grass species in Willapa Bay, Washington, and the prospects for biological control of invasive Spartina alterniflora.

Biological Control: 2005, 34: 170-179.

[101] Frid CLJ, Chandrasekara WU, Davey P. The restoration of mud flats invaded by common cordgrass (Spartina anglica CE Hubbard) using mechanical disturbance and its effects on the macrobenthic fauna. Aquatic Conservasion: Marine Freshwater Ecosystem: 1999, 9: 47-61.

[102] Funk JL, Zachary V. Physiological responses to short-term water and light stress in native and invasive plant species in sourthern California. Biological Invasions: 2010, 12: 1685-1694.

[103] Gao S, Du YF, Xie WJ, et al. Environment-ecosystem dynamic processes of Spartina alterniflora salt-marshes along the eastern China. Science China-Earth Sciences: 2014, 11: 2567-2586.

[104] Gedan KB, Silliman BR, Bertness MD. Centuries of Human-Driven Change in Salt Marsh Ecosystems. Annual Review of Marine Science: 2009, 1: 117-141.

[105] Ghioca-Robrecht DM, Johnston CA, Tulbure MG. Assessing the use of multiseason quickbird for mapping invasive species in a lake erie coastal marsh. Wetlands: 2008, 28: 1028-1039.

[106] Gleason ML, Elmer DA, Pien NC, et al. Effects of stem density upon sediment retention by salt marsh cordgrass, Spartina alterniflora Loisel. Estuaries: 1979, 2: 271-273.

[107] Guisan A, Thuiller W. Predicting species distribution: offering more than simple habitat models.Ecology Letter: 2005, 8: 993-1009.

[108] Guisan A, Zimmermann EN. Predicting habitat distribution models in ecology. Ecological Modeling: 2000, 135: 147-186.

[109] Gurevitch J, Padilla DK. Are invasive species a major cause of extinctions? Trends in Ecology and Evolution: 2004, 19: 470-474.

[110] Graetz RD, Pech RP, Davis AW. The assessment and monitoring of sparsely vegetated rangelands usingcalibrated Landsat data. International

Journal of Remote Sensing: 1988, 9: 1201-1222.

[111] Grevstad FS, Strong DR, Garcia-Rossi D, et al. Biological control of Spartina alterniflora in Willapa Bay, Washington using the planthopper Prokelisia marginata: agent specificity and early results. Biological control: 2003, 27: 32-42.

[112] Gross KL, Mittelbach GG, Reynolds HL. Grassland invisibility and diversity: responses to nutrients, seed input, and disturbance. Ecology: 2005, 86: 476-486.

[113] Hanley JA, Mcneil BJ. The meaning and use of the area under a Receiver Operating Characteristic (ROC) curve. Radiology: 1982, 143 (1): 29-36.

[114] Hedge P, Kriwoken LK, Pattern K. A review of Spartina management in Washington State, US. Journal of Aquatic Plant Management: 2003, 41: 82-90.

[115] Hengeveld R. Dynamics of biological invasions. London: Chapman and Hall, 1989.

[116] He Q, Bertness MD, Bruno JF, Li B, Chen GQ, Coverdale TC, Altieri AH, Bai JH, Sun T, Pennings SC, Liu JG, Ehrlich PR, and Cui BS. Economic development and coastal ecosystem change in China: 2014, Scientific Reports 4: 9.

[117] Honnay O, Bossuyt B. Prolonged clonal growth: escape route or rout to extinction? Oikos: 2005, 108, 427-432.

[118] Hortal J, Roura-Pascual N, Sanders NJ, Rahbek C. Understanding (insect) species distributions across spatial scales. Ecography: 2010, 33: 51-53.

[119] Huang HM, Zhang LQ. A study of the population dynamics of Spartina alterniflora at Jiuduansha shoals, Shanghai, China. Ecological Engineering: 2007, 29: 164-172.

[120] Huang HM, Zhang LQ, Yuan L. The spatio-temporal dynamics of salt

marsh vegetation for Chongming Dongtan National Nature Reserve, Shanghai. Acta Ecologica Sinica: 2007, 27: 4166-4172.

[121] Hubbard JCE. Spartina marshes in southern England. VI. Pattern of invasion in Poole Harbour. Journal of Ecology: 1965, 53: 799-813.

[122] Hutchinson GE. Concluding remarks. Cold Spring Harbor Symposium on Quantitative Biology: 1957, 22: 415-427.

[123] Idaszkin YL, Bortolus A. Does low temperature prevent Spartina alterniflora from expanding toward the austral-most salt marshes? Plant Ecology: 2011, 212: 553-561.

[124] Iulian G, Alexandru S, Stefan Z. Using maximum entrop to predict the distribution of a critically endangered reptile species (Eryx jaculus) at its northern range limit. Advances in Environmental Science: 2009, 1 (2): 65-71.

[125] Kennedy TA, Naeem S, Howe KM, et al. Biodiversity as a barrier to ecological invasion. Nature: 2002, 417: 636-638.

[126] Kerr D. Management of invasive Spartina in San Francisco Bay, USA: attaining an eradication trajectory within 50000 acres of urban estuary. In: Ainouche M (ed) Proceedings of the forth international conference on invasive Spartina, 2014. Rennes, France.

[127] Kirwan ML, Guntenspergen GR, Morris JT. Latitudinal trends in Spartina alterniflora productivity and the response of coastal marshes to global change.Global Change Biology: 2009, 15: 1982-1989.

[128] Kolb A, Alpert P, Enters D, et al. Patterns of invasion within a grassland community. Journal of Ecology: 2002, 90: 871-881.

[129] Landin MC. Growth habits and other considerations of smooth cordgrass, Spartina alterniflora Loisel.. Washington Sea Grant Program, University of Washington, Seattle: 1991.

[130] Lake JC, Leishman MR. Invasion success of exotic plants in natural

ecosystems: the role of disturbance, plant attributes and freedom from herbivores. Biological Conservation: 2004, 117: 215-226.

[131] Ledger ME, Edwards FK, Brown LE, et al. Impact of simulated drought on ecosystem biomass production: an experimental test in stream mesocosms. Global Change Biology: 2011, 2288-2297.

[132] Levin LA, Neira C, Grosholz ED Invasive cordgrass modifies wetland trophic function. Ecology: 2006, 87: 419-432

[133] Levin SA. The problem of pattern and scale in ecology. Ecology: 1992, 73: 1943-1967.

[134] Levine JM, Brewer JS, Bertness MD. Nutrients, competition and plant zonation in a New England salt marsh. Journal of Ecology: 1998, 86: 285-292.

[135] Li B, Liao CH, Zhang XD, et al. Spartina alterniflora invasions in the Yangtze River estuary, China: An overview of current status and ecosystem effects. Ecological Engineering: 2009, 35: 511-520.

[136] Li H, Zhang XM, Zheng RS, et al. Indirect effects of non-native Spartina alterniflora and its fungal pathogen (Fusarium palustre) on native saltmarsh plants in China. Journal of Ecology: 2014, 102: 1112-1119.

[137] Liu HY, LIN ZS, Qi XZ, et al. The relative importance of sexual and asexual reproduction in the spread of Spartina alterniflora using a spatially explicit individual-based model. Ecological Reaserch: 2014, 29: 905-915.

[138] Liu WW, Maung-Douglass K, Strong DR, et al. Geographical variation in vegetative growth and sexual reproduction of the invasive Spartina alterniflora in China. Journal of Ecology: 2016, 104: 173-181.

[139] Liuting VT, Cordell JR, Olson AM, et al. Does exotic spartina alterniflora change benthic inbertebrate assemblages? In: Pattern K (ed). Proceeding of the seconed International Spartina Conference. Washington State University, Olympia: 1997, 48-50.

[140] Londdale WM. Global patterns of plant invasions and the concept of Invisibility. Ecology: 1999, 80: 1552-1536.

[141] Mack RN, Simberloff D, Lonsdale WM. Biotic invasions: cause, epidemiology, global consequences, and control. Ecological Applications: 2000, 10: 689-710.

[142] Mackey BG, Lindenmayer DB. Towards a hierarchical framework for modeling the spatial distribution of animals. Journal of Biogeography: 2001, 28: 1147-1166.

[143] Major WW, Grue CE, Grassley JM, et al. Mechanical and chemical control of smooth cordgrass in Willapa Bay, Washington. Journal of Aquatic Plant Management: 2003, 41: 6-12.

[144] Matzek V. Superior performance and nutrient-use efficiency of invasive plants over non-invasive congeners in a resourse-limited environment. Biological Invasions: 2011, 13: 3005.

[145] Mayer E. The nature of colonizing birds. In: Baker HG Stebbins GL. ed. The genetics of colonizing species. New York: Academic Press, 1965, 6: 334-345.

[146] McCormack JE, Zellmer AJ, Knowles LL. Does niche divergence accompany allopatric divergence in Aphelocoma jays as predicted under ecological speciation? Insights from tests with niche models. Evolution: 2010, 64: 1231-1244.

[147] McLeod E, Chmura GL, Bouillon S, Salm R, Bjork M, Duarte CM, Lovelock CE, Schlesinger WH, Silliman BR. A blueprint for blue carbon: toward an improved understanding of the role of vegetated coastal habitats in sequestering CO2. Frontiers in Ecology and the Environment: 2011, 9: 552-560.

[148] Metcalf WS, Ellison AM, Bertness MD. Survivorship and spatial development of Spartina alterniflora Loisel. (Gramineae) Seedlings in

New England salt marsh. Annals of Botany: 1986, 58: 249-258.

[149] Morrison LW, Korzukhin MD, Porter SD. Predicted range expansion of the invasive fire ant, Solenopsis invicta, in the eastern United States based on the VEMAP global warming scenario. Diversity and distributions: 2005, 11: 199-204.

[150] Murphy JT, Johnson MP, Walshe R. Modeling the impact og spatial structure on growth dynamics of invasive plant species. International Journal of Modern Physics C: 2013, 24.

[151] Muth NZ. Pigliucci M. Implementation of a novel framework for assessing species plasticity in biological invasions: responses of Centaurea and Crepis to phosphorus and water availability. Journal of Ecology: 2007, 95: 1001-1013.

[152] Nievaa FJJ, Espejob A, Castellanosa EM, et al. Field variability of invading populationd of Spartina densiflora Brong. in different habitats f the Oiel Marshes（SW Spain）. Estuarine, Coastal and Shelf Science: 2001, 52（4）: 515-527.

[153] Norman M, Pattern K. Optimizing the efficacy of glyphosate to control Spartina alterniflora. Unpublished progress report submitted to Washington State Department of Natural Resources. Olympia, 1994.

[154] Owens HL, Champbell LP, Dornak L, et al. Constrains on interpretation of ecological niche models by limited environmental ranges on calibration areas. Ecological Modelling: 2013, 263: 10-18.

[155] Ozesmi SL, Bauer ME. Satellite remote sensing of wetlands. Wetlands Ecology and Management: 2002, 10: 381-402.

[156] Padgeet DE, Brown JL. Effects of drainage and soil organic contents on growth of Spartina alterniflora（Poaceae）in an artificial salt marsh mesocosm. American Journal of Botany: 1999, 86（5）: 697-702.

[157] Pan LH, Shi XF, Tao YC, et al. Distribution and expansion of spartina

alterniflora in Coastal Tidal zone, Guangxi. Wetland Science: 2016, 14: 464-470.

[158] Patridge TR. Spartina in New Zealand. New Zealand Journal of Botany: 1987, 25: 567-575.

[159] Pattern K. Comparison of chemical and mechanical control efforts for invasive Spartina in Willapa Bay, WA. Third International Conference on Invasive Spartina, San Francisco, California 2004, Nov. 8-10.

[160] Pattern K. Smooth cordgrass (Spartina alterniflora) control with imazapyr. Weed control: 2002, 16: 826-832.

[161] Pattisson RR, Mack RN.Potential distribution of the invasive tree Triadica sebifera (euphorbiaceae) in the United States: evaluating CLIMEX predictions with field trials. Global Change Biology: 2008, 14: 813-826.

[162] Pearson RG, Dawson TP. Predicting the impacts of climate change on the distribution of species: are bioclimate envelope models useful? Global Ecology and Biogeography: 2003, 12: 361-371.

[163] Pearson RG. Species 's distribution modeling for conservation educators and prectitioners. Synthesis. American Museum of Natural History. http://ncep.amnh.org, 2007.

[164] Pennings SC, Selig ER, Houser LT, et al. Geographic variation in positive and negative interactions among salt marsh plants. Ecology: 2003, 84: 1527-1538.

[165] Peterson AT. Ecological niche conservatism: a time-structured review of evidence. Journal of Biogeography: 2011, 38: 817-827.

[166] Peterson AT, Nakazawa Y. Environmental data sets matter in ecological niche modelling: an example with Solenopsis invicta and Solenopsis richteri. Global Ecology and Biogeography: 2008, 17: 135-144.

[167] Pfauth M, Sytsma M, Isaacson D. Oregen Spartina Response Plan.

Oregon: Oregon Department of Agriculture, 2003.

[168] Phillips SJ, Anderson RP. Schapire RE. Maximun entropy modeling of species geographic distributions. Ecological modeling: 2006, 190（3）: 231-259.

[169] Phillips SJ, Dudik M. Modeling of species distributions with Maxent: new extensions and a comprehensive evaluation. Ecology: 2008, 31（2）: 161-175.

[170] Pigliucci M. Phenotypic Plasticity: Beyond nature and nature. Baltimore and London: The Johns Hopkings University Press, 2001.

[171] Pimentel D, Lach L, Zuniga R, et al. Enviromental and economic costs of nonindigenous species in the United States. Bioscience: 2000, 50: 53-65.

[172] Portnoy JW. Salt marsh diking and restoration: biogeochemical implications of altered wetland hydrology. Environmenr Management: 1999, 24: 111-120.

[173] Prinzing A, Durka W, Klotz S, et al. Plant community diversity and invisibility by exotics: the example of Comyza bonariensis and C. Canadensis invasion in Mediterranean annual old fields. Ecology letter: 2002, 3: 412-422.

[174] Proffitt CE, Travis SE, Edwards KR. Genotype and elevation influences Spartina alterniflora colonization and growth in a created salt marsh. Ecological Application: 2003, 13: 180-192.

[175] Qin P, Jin MD, Zhang ZR, et al. Seat germination experiment of three ecotypes of Spartina alterniflora. J.Nanjing University. Res. Adv.Spartina: 1985, 237-246.

[176] Rand TA. Seed dispersal, habitat suitability and the distribution of halophytes across a salt marsh tidal gradient. Journal of Ecology: 2000, 88: 608-621.

[177] Rejmanek M, Pitcairn MJ. When is eradication of exotic pests a realistic

goal? In: Veitch CR, Clout MN (eds), Turning the tide: the eradication of invasive species. Gland, Switzerland and

[178] Rejmanek M, Richardon DM. What attributes make some plants more invasive? Ecology: 1996, 77: 1655-1661.

[179] Robison RA, Kyser GB, Rice KL, et al. Light intensity is a limiting factor to the inland expansion of cape ivy (Delairea odorata). Biological Invasions: 2010, 13: 35-44.

[180] Roem WJ, Klees H, Berendse F. Effects of nuitrient addition and acidification on plant species diversity and seed germination in heathland. Journal of Applied Ecology: 2002, 39: 937-948.

[181] Roy DP, Wulder MA, Loveland TR, et al. Landsat-8: Science and product vision for terrestrial global change research. Remote sensing of Environment: 2014, 154-172.

[182] Sanchez JM, Sanleon DC, Izco J. Primary colonization of mudflat eatuaries by Spartina maritima (Curtis) Fernald: in Northwest Spain: Vegetation Structure and Sediment accretion. Aquatic Botany: 2001, 69: 15-25.

[183] Saupe E, Brave V, Myers C, et al. Variation in niche and distribution model performance: the need dor a prior assessment of key causal factors. Ecological Modelling: 2012, 237-238: 11-22.

[184] Sayce K. Introduced cordgrass, Spartina alterniflora Loisel., in salt marshes and tidelands of Willapa Bay, Washington. Ilwaca, Washington: Willapa National Wildlife Refuge Report: 1988.

[185] Schmidt KS, Skidmore AK. Spectral discrimination of vegetation types in coastal wetland. Remote Sensing of Environment: 2003, 85: 92-108.

[186] Seliskar DM, Smart KE, Higashidubo BT, et al. Seedling sulfide sensitivity among plant species colonizing phragmaites-infested wetlands. Wetlands: 2004, 24: 426-433.

[187] Shea ML, Warren RS, Niering WA. Biochemical and transplantation studies of the growth form of Spartina alterniflora on Connecticut salt marshes. Ecology: 1975, 56: 461-466.

[188] Shigesada N, Kawasaki K. Biological invasions: theory and practice. Oxford: Oxford University Press, 1997.

[189] Simenstad CA, Thom RM. Spartina alterniflora (smooth cordgrass) as an invasive halophyte in Pacific Northwest estuaries. Hortus Northwest: 1995, 6: 9-12, 38-40.

[190] Siemann E, Rogers WE. The role of soil resources in an exotic tree invasion in texas coastal prairie. Journal of Ecology: 2007, 95: 689-697.

[191] Silliman BR, Layman CA, Geyer K, et al. Prediction by the black-clawed mud crab, Panopeus herbstii, in Mid-Atlantic salt marshes: Further evidence for top-down control of marsh grass production. Estuaries: 2004, 27: 188-196.

[192] Silliman BR, Ziemann JC. Top-down control of Spartina alterniflora production by periwinkle grazing in a Virginia salt marsh. Ecology: 2001, 82（10）: 2830-2845.

[193] Simenstad CA, Thom RM. Spartina alterniflora (smooth cordgrass) as an invasive halophyte in Pacific Northwest estuaries. Hortus Northwest: 1995, 6: 9-12, 38-40.

[194] Soberón J, Peterson AT. Interpretation of models of fundamental ecological niches and species'distributional areas. Biodiversity Informatics: 2005, 2: 1-10.

[195] Spartina TF. Spartina management program: Integrated weed management for private lands in Willapa Bay, Washington, 1994, 47-67.

[196] Stastny M, Schaffner U, Elle E. Do vigour of introduced populations and escape from specialist herbivores contribute to invasiveness? Journal of Ecology: 2005, 93: 27-37.

[197] Stiller JW, Denton AL. 100 years of Spartina alterniflora (Poaceae) in Willapa Bay, Washington: random amplified polymorphic DNA analysis of an invasive population. Molecular Ecology: 1995, 4: 355-363.

[198] Stockwell DRB, Peterson AT. Effects of sample size on accuracy of species distribution models: 2002, 148 (1): 1-13.

[199] Strong DR, Ayres DA. Control and consequences of Spartina spp. Invasions with focus upon San Francisco Bay. Biological Invasions: 2016, 18: 2237-2246.

[200] Strong DR, Ayres DA. Ecological and evolutionary misadventures of Spartina. Annual Review of Ecological Evolution and Systematics: 2013, 44: 389-410.

[201] Suding KN, Lejeune KD, Seastedt TR. Competive impacts and response of an invasive weed: dependencies on nitrogen and phosphors availability. Oecologia: 2004, 141: 526-535.

[202] Sultan SE. Phenotypic plasticity and plant adaptation. Acta Botanica Neerlandica: 1995, 44: 363-383.

[203] Tang L, Gao Y, Li B, et al. Spartina alterniflora with high tolerance to salt stress changes vegetation pattern by outcompeting native species. Ecosphere: 2014, 5.

[204] Tappan GD, Tyler WM, Moore D. Monitoring rangeland dynamics in Senegal with Advanced Very high Resolution Radiometer data. Geocarto International: 1992, 1: 87-98.

[205] Task F. Spartina Management Program: Intergrated Weed Management for Private Lands in Willapa Bay, Washington. A report prepared for the Noxious Weed Board and County Commissioners, Pacific County, Washington, 1994.

[206] Taylor CM, Davis HG, Civille JC, et al. Consequences of an Allee effect in the invasion of a pacific estuary by Spartina alterniflora. Ecology: 2004,

85: 3254-3266.

[207] Thuiller W, Richardson DM, Pysek P, et al. Niche-based modeling as a tool for predicting the risk of alien plant invasions at a global scale. Global Change Biology: 2005, 11: 2234-2250.

[208] Tilman D. Community invisibility, recruitment limitation, and grassland biodiversity. Ecology: 1997, 78: 81-92.

[209] Toledo M, Poorter L, Pena-Claros M, et al. Climate is a stronger driver of tree and forest growth rates than soil and disturbance. Journal of Ecology: 2011, 99: 254-264.

[210] Townsend PA, Walsh SJ. Remote sensing of forested wetlands: application of multitemporal and multispectral satellite imagery to determin plant community composition and structure in southeastern USA. Plant ecology: 2001, 157: 129-149A.

[211] Turner RE. Geographic variations in salt marsh macrophyte production: a review. Contribution in Marine Science: 1976, 20: 47-68.

[212] Valiela I, Teal JM, Deuser WG. The nature of growth forms in the salt marsh grass Spartina alterniflora. The American Naturalist: 1978, 112: 461-470.

[213] Vitousek PM, D'Antonio CM, Loope, LL, et al. Biological invasions as global environmental change. American Scientist: 1996, 84: 468-478.

[214] Vivian-Smith G, Stiles EW. Dispersal of salt marsh seeds on the feet and feathers of waterfowl. Wetlands: 1994, 14: 316-319.

[215] Walther GR, Post E, Convey P, et al. Ecological responses to recent climate change. Nature: 2002, 416: 389-395.

[216] Wang AQ, Chen JD, Jing CW, et al. Monitoring the Invasion of Spartina alterniflora from 1993 to 2014 with Landsat TM and SPOT 6 Satellite Data in Yueqing Bay, China. Plos One : 2015, 10

[217] Wang Q, An SQ, Ma ZJ, et al. Invasive Spartina alterniflora: biology,

ecology and management. Acta Phytotaxonomica Sinica: 2006, 44（5）: 559-588.

[218] Wang R, Wang YZ. Invasion dynamics and potential spread of the invasive alient plant species ageratina adenophora (Asteraceae) in China. Diversity and Distributions: 2006, 12: 397-408.

[219] Wang YP, Shu G, Jia JJ, et al. Sediment transport over an accretional intertidal flat with influences of reclamation, Jiangsu coast, China. Marine Geology: 2012, 291-294: 147-161.

[220] Williams AL, Wills KE, Janes JK, et al. Warming and free-air CO2 enrichment alter demographics in four co-occurring grassland species. New Phytologist: 2007, 176: 365-374.

[221] Williamson M, Biological Invasions. London: Chapman and Hall, 1996.

[222] Williamson M, Fitter A. The varying success of invaders. Ecology: 1996, 77: 1661-1666.

[223] Wisz MS, Hijmans RJ, Li J, et al. Effects of sample size on the performance of species distribution models. Diversity and Distributions: 2008, 14: 763-773.

[224] Wu DL, Shen YM, Du YF, et al. The expanding process and characteristics of Spartina alterniflora in Luoyuan Bay of Fujian Province, China. Acta Oceanologica Sinica: 2013, 35: 113-120.

[225] Wu MT, Hacker S, Ayres D, et al. Potential of prokelisia spp. as biological control agents of English cordgrass, Spartina anglica. Biological control: 1999, 16: 267-273.

[226] Xiao DR, Zhang LQ, Zhu ZC. A study on seed characteristics and see bank of Spartina alterniflora at saltmarshes in the Yangtze Estuary, China. Estuarine, Coastal and Shelf Science: 2009, 88: 99-104.

[227] Zeremba K, McGowan ZM, Ayres DR. Spread of Invasive Spartina in the San Francisco Estuary. Third International Conference on Invasive

Spartina, San Francisco, California 2004, Nov. 8-10.

[228] Zhang M, Ustin SL, Rejmankova E, et al. Monitoring Pacific coast salt marshes using remote sensing. Ecological Applications: 1997, 7: 1039-1053.

[229] Zhang RS. Shen YM, Lu LY, et al. Formation of Spartina alterniflora salt marshes on the coast of Jiangsu Province, China. Ecological Engineering: 2004, 23: 95-105.

[230] Zhang YH, Huang GM, Wang WQ, et al. Interactions between mangroves and exotic Spartina in anthropogenically disturbed estuary in southern China. Ecology: 2012, 93: 588-597.

[231] Zhao H, Yang W, Xia L, et al. Nitrogen-Enriched Eutrophication Promotes the invasion of Spartina alterniflora in Coastal China. Clean-Soil Air Water: 2015, 43: 244-250.

[232] Zhu CM, Zhang X, Qi JG. Detecting and assessing Spartina invasion in coastal region of China: A case study in the Xiangshan Bay. Acta Oceanologica Sincia: 2016, 35: 35-43.

[233] Zhu GP, Gao YB, Zhu L. Delimiting the coastal geographic backgound to predict potential distribution of Spartina alterniflora. Hydrobiologia: 2013, 717: 177-187.

[234] Zhu GP, Petersen MJ, Bu MJ. Selecting biological meaningful environmental dimensions of low discrepancy among ranges to predict potential distribution of bean plataspid invasion. Plos one: 2012b, 7: e46247.

[235] Zimmermann NE, Yoccoz NG, Edwards TC. Climatic extremes improve predictions of spatial patterns of tree species. Proceedings of the National Academy of Sciences, USA: 2009, 106: 19723-19728.

[236] Zuo P, Zhao SH, Liu CA, et al. Distribution of Spartina spp. along China's coast. Ecological Engineering: 2012, 40: 160-166.